"十三五"普通高等教育本科部委级规划教材 | 服装实用技术·应用提高

服装造型设计与立体裁剪

U0241658

刘　锋◎主　编

孙　云◎副主编

FASHION DESIGN

中国纺织出版社有限公司

国家一级出版社
全国百佳图书出版单位

内 容 提 要

本书是"十三五"普通高等教育本科部委级规划教材。

全书共十二章，前六章是基础知识部分，后六章是成衣实例设计部分。基础知识部分重在局部造型设计理论及立体裁剪基本操作，包括服装造型的塑型基础，原型的立体裁剪，衣身、领、袖的造型设计与立体裁剪；成衣实例设计部分强调对局部造型的综合应用，包括上衣、半身裙、连衣裙、礼服、表演服等立体设计的全过程。全书内容完整，款式新颖，特点突出，可操作性强。

本书可作为服装专业高等院校的专业教材，也适合广大服装设计人员和技术人员阅读参考。

图书在版编目（CIP）数据

服装造型设计与立体裁剪／刘锋主编 . ‑‑北京：
中国纺织出版社有限公司，2019.11（2022.1重印）
"十三五"普通高等教育本科部委级规划教材. 服装实用技术·应用提高
ISBN 978‑7‑5180‑6505‑9

Ⅰ . ①服… Ⅱ . ①刘… Ⅲ . ①服装—造型设计—高等学校—教材②立体裁剪—高等学校—教材 Ⅳ . ①TS941.2②TS941.631

中国版本图书馆 CIP 数据核字（2019）第 167921 号

策划编辑：李春奕 责任编辑：杨 勇 责任校对：江思飞
责任设计：何 建 责任印制：王艳丽

中国纺织出版社有限公司出版发行
地址：北京市朝阳区百子湾东里 A407 号楼 邮政编码：100124
销售电话：010—67004422 传真：010—87155801
http://www.c‑textilep.com
中国纺织出版社天猫旗舰店
官方微博 http://weibo.com/2119887771
三河市宏盛印务有限公司印刷 各地新华书店经销
2019 年 11 月第 1 版 2022 年 1 月第 2 次印刷
开本：787×1092 1/16 印张：21
字数：280 千字 定价：49.80 元

凡购本书，如有缺页、倒页、脱页，由本社图书营销中心调换

前言

近年来，随着经济的发展和生活水平的提高，人们对着装的需求趋于个性与内涵兼备、舒适与美观并重，更高的要求促进了服装设计的提升与服装技术的进步。其中，立体裁剪技术的优势更加显现，其应用也越来越普及，深受业内及院校的重视，立体裁剪成为各个层面专业技能比赛的重要科目，也成为各院校的专业核心课程。本书将造型设计与立体裁剪密切结合，重点培养对造型的设计、分析与塑造能力，可以作为专业院校的教材，也适用于广大服装从业人员和爱好者自学。

本书由太原理工大学轻纺工程学院服装系六位教师共同编写，教师团队多年从事专业课程的教学工作，本着"以学习者为本"的教学理念，对应专业能力培养目标，结合教学实践，确立理论与实践相结合、艺术与技术相结合的整体编写思路，大家通力合作，历时三年，经过大量内容的筛选、不同表达形式的对比，反复修改，最终得以完成。

全书共12章，内容分为三部分：基础理论与基本操作、局部造型的设计与立体裁剪、整体造型设计与立体裁剪。前三章为基础理论与基本操作部分，以理论为主，强调设计的科学性与艺术性、立体裁剪操作的规范性。第四~第九章、第十一章、第十二章为具体造型设计与立体裁剪部分，每一章都先介绍造型设计的规律与方法，然后说明相应的典型实例操作过程，并辅以课后拓展练习，突出体现理论阐述与示范操作相统一、艺术造型与表现技法相协调的编写风格；章节编排遵循学习规律，由简单到复杂，循序渐进；文、图对应表达，说明详尽、规范，注重可操作性与实用性，便于初学者上手，积累经验；将服装必要的稳定性、舒适性要求渗透于操作过程之中，使操作者有章可循，提高把握基本造型的能力；在正确塑型的基础上，对造型细节的调整尽可能地量化，使操作者心中有数，逐步具备调整造型的能力，改善造型的美观性，进而提升对美的认知，发现美、表达美、创造美，以便进行创新设计。面料的二次设计越来越受到重视，已经成为服装后期设计的主要手段之一，本书第十章总结了常用的设计方法，并辅以实例加以说明，使内容更加完善。

刘锋担任本书的主编，负责全书的统筹及编排，并编写了第一章、第二章及附录；第三章由姜中华编写，第四、五、六、七、八章由卢致文编写，第九章由冯妍编写，第十、十一章由孙云编写，第十二章由马孟超编写。编写过程中，参考了许多著作、论文及网络资料与图片，在此一并表示感谢。编写期间，曹金标、何梦瑶、黄豆豆、霍冰融、吉悦、李梦蝶、李菁、李丽娜、宁聪荣、邵淑敏、王荣芳、张鹏波、赵日霞等多位同学参与了款式采集、立体裁剪操作、图片整理等工作，感谢他们的辛苦付出。

　　由于编者水平有限，教材中难免有疏漏和不妥之处，敬请批评指正。

编者

2019 年 8 月

教学内容及课时安排

章/课时	课程性质	节	课程内容
第一章 (4课时)	基础理论及 专业知识		● 概述
		一	服装造型设计概述
		二	立体裁剪基础知识
		三	人台相关知识
第二章 (8课时)			● 服装造型的塑型基础
		一	服装造型的塑型方法
		二	平面几何形状的塑型
		三	服装材料的造型特征
第三章 (4课时)	专业知识及 专业技能		● 原型的立体裁剪
		一	原型裙的立体裁剪
		二	原型衣片的立体裁剪
第四章 (8课时)			● 衣身的造型设计与立体裁剪
		一	衣身的造型设计
		二	收省式衣身的立体裁剪
		三	分片式衣身的立体裁剪
		四	叠裥式衣身的立体裁剪
		五	出褶式衣身的立体裁剪
第五章 (8课时)			● 领的造型设计与立体裁剪
		一	领的造型设计
		二	无领造型的立体裁剪
		三	合体立领与连身立领的立体裁剪
		四	翻领的立体裁剪
		五	花式领的立体裁剪
第六章 (8课时)			● 袖的造型设计与立体裁剪
		一	袖的造型设计
		二	无袖袖窿造型的立体裁剪
		三	圆装袖的立体裁剪
		四	插肩袖的立体裁剪
		五	花式袖的立体裁剪

章/课时	课程性质	节	课程内容
第七章 (12课时)	专业知识及 专业技能		● 上衣的造型设计与立体裁剪
		一	上衣的造型设计
		二	前卫风格衬衫的立体裁剪
		三	浪漫风格衬衫的立体裁剪
		四	都市风格外套的立体裁剪
第八章 (8课时)			● 半身裙的造型设计与立体裁剪
		一	半身裙的造型设计
		二	下丰满型半身裙的立体裁剪
		三	上丰满型半身裙的立体裁剪
		四	组合造型半身裙的立体裁剪
第九章 (8课时)			● 连衣裙的造型设计与立体裁剪
		一	连衣裙的造型设计
		二	收省式连衣裙的立体裁剪
		三	横向分割式连衣裙的立体裁剪
		四	多向分割式连衣裙的立体裁剪
第十章 (8课时)			● 面料的造型设计及应用
		一	面料的缩聚设计及应用
		二	面料的附加设计及应用
		三	面料的破拆设计及应用
第十一章 (16课时)			● 礼服的造型设计与立体裁剪
		一	礼服的造型设计
		二	小礼服的立体裁剪
		三	晚礼服的立体裁剪
		四	婚礼服的立体裁剪
第十二章 (8课时)			● 表演服的造型设计与立体裁剪
		一	中式风格表演服的立体裁剪
		二	创意类表演服的立体裁剪

注 各院校可根据自身的教学特点和教学计划对课程时数进行调整。

目录

基础理论及专业知识

第一章　概　述 ·················· 002

第一节　服装造型设计概述 ·················· 002

一、服装造型 ·················· 002

二、服装造型设计的美学法则 ·················· 003

三、服装造型的应用 ·················· 008

第二节　立体裁剪基础知识 ·················· 009

一、立体裁剪的形成及发展 ·················· 010

二、服装结构设计的两种方法 ·················· 010

三、立体裁剪需要的知识基础 ·················· 011

四、立体裁剪常用材料及工具 ·················· 012

五、立体裁剪的操作过程 ·················· 017

第三节　人台相关知识 ·················· 018

一、标准人台 ·················· 018

二、人台分类 ·················· 018

三、人台准备 ·················· 019

课后练习 ·················· 027

第二章　服装造型的塑型基础 ·················· 030

第一节　服装造型的塑型方法 ·················· 030

一、立体裁剪的塑型过程 ·················· 030

二、收省 ·················· 030

三、分片 ·················· 034

四、叠裥 ·················· 036

五、出褶 ·················· 040

第二节　平面几何形状的塑型 ·················· 043

一、长方形 ·················· 043

二、正方形 ·················· 044

三、三角形 ·················· 045

四、圆形 ·················· 046

五、月牙形 ·················· 049

第三节　服装材料的造型特征 ……………………………………… 050
　　一、白坯布的造型特征 ……………………………………… 050
　　二、装饰材料的造型特征 …………………………………… 052
　　三、其他材料的造型特征 …………………………………… 052
课后练习 ……………………………………………………………… 052

专业知识及专业技能
第三章　原型的立体裁剪 …………………………………………… 054
第一节　原型裙的立体裁剪 ………………………………………… 054
第二节　原型衣片的立体裁剪 ……………………………………… 060
课后练习 ……………………………………………………………… 069

第四章　衣身的造型设计与立体裁剪 ……………………………… 072
第一节　衣身的造型设计 …………………………………………… 072
　　一、衣身外部廓型设计 ……………………………………… 072
　　二、衣身轮廓设计 …………………………………………… 072
　　三、衣身内部结构设计 ……………………………………… 073
第二节　收省式衣身的立体裁剪 …………………………………… 076
　　一、平行省道衣身 …………………………………………… 076
　　二、交叉省道衣身 …………………………………………… 079
第三节　分片式衣身的立体裁剪 …………………………………… 082
　　一、纵向分割衣身 …………………………………………… 082
　　二、曲线分割衣身 …………………………………………… 084
第四节　叠褶式衣身的立体裁剪 …………………………………… 089
　　一、单侧腰省位叠褶衣身 …………………………………… 089
　　二、肩位交叉褶衣身 ………………………………………… 092
第五节　出褶式衣身的立体裁剪 …………………………………… 095
　　一、前中抽褶衣身 …………………………………………… 095
　　二、斜肩波浪衣身 …………………………………………… 097
　　三、领口荡褶衣身 …………………………………………… 101
课后练习 ……………………………………………………………… 103

第五章　领的造型设计与立体裁剪 ⋯⋯⋯⋯⋯ 106

第一节　领的造型设计 ⋯⋯⋯⋯⋯⋯⋯⋯⋯⋯⋯ 106

　　一、领口设计（无领设计）⋯⋯⋯⋯⋯⋯⋯ 106

　　二、领子设计 ⋯⋯⋯⋯⋯⋯⋯⋯⋯⋯⋯⋯ 109

　　三、领型的变化设计 ⋯⋯⋯⋯⋯⋯⋯⋯⋯⋯ 110

第二节　无领造型的立体裁剪 ⋯⋯⋯⋯⋯⋯⋯⋯ 111

　　一、一字领 ⋯⋯⋯⋯⋯⋯⋯⋯⋯⋯⋯⋯⋯ 111

　　二、钻石领 ⋯⋯⋯⋯⋯⋯⋯⋯⋯⋯⋯⋯⋯ 113

第三节　合体立领与连身立领的立体裁剪 ⋯⋯⋯ 116

　　一、合体立领 ⋯⋯⋯⋯⋯⋯⋯⋯⋯⋯⋯⋯ 116

　　二、连身立领 ⋯⋯⋯⋯⋯⋯⋯⋯⋯⋯⋯⋯ 118

第四节　翻领的立体裁剪 ⋯⋯⋯⋯⋯⋯⋯⋯⋯⋯ 121

　　一、曲线翻折领 ⋯⋯⋯⋯⋯⋯⋯⋯⋯⋯⋯ 121

　　二、平翻领 ⋯⋯⋯⋯⋯⋯⋯⋯⋯⋯⋯⋯⋯ 124

第五节　花式领的立体裁剪 ⋯⋯⋯⋯⋯⋯⋯⋯⋯ 126

　　一、荷叶领 ⋯⋯⋯⋯⋯⋯⋯⋯⋯⋯⋯⋯⋯ 127

　　二、蝶型翻领 ⋯⋯⋯⋯⋯⋯⋯⋯⋯⋯⋯⋯ 129

课后练习 ⋯⋯⋯⋯⋯⋯⋯⋯⋯⋯⋯⋯⋯⋯⋯⋯ 131

第六章　袖的造型设计与立体裁剪 ⋯⋯⋯⋯⋯ 134

第一节　袖的造型设计 ⋯⋯⋯⋯⋯⋯⋯⋯⋯⋯⋯ 134

　　一、袖长设计 ⋯⋯⋯⋯⋯⋯⋯⋯⋯⋯⋯⋯ 134

　　二、袖结构设计 ⋯⋯⋯⋯⋯⋯⋯⋯⋯⋯⋯ 134

　　三、身袖连接线设计 ⋯⋯⋯⋯⋯⋯⋯⋯⋯⋯ 135

　　四、袖山弧线设计 ⋯⋯⋯⋯⋯⋯⋯⋯⋯⋯ 136

　　五、袖身设计 ⋯⋯⋯⋯⋯⋯⋯⋯⋯⋯⋯⋯ 137

第二节　无袖袖窿造型的立体裁剪 ⋯⋯⋯⋯⋯⋯ 137

　　一、方袖窿 ⋯⋯⋯⋯⋯⋯⋯⋯⋯⋯⋯⋯⋯ 137

　　二、冒肩袖窿 ⋯⋯⋯⋯⋯⋯⋯⋯⋯⋯⋯⋯ 140

第三节　圆装袖的立体裁剪 ⋯⋯⋯⋯⋯⋯⋯⋯⋯ 143

一、一片式合体袖 ·························· 143

二、两片式合体袖 ·························· 146

第四节 插肩袖的立体裁剪 ·························· 148

一、一片式收省插肩袖 ·························· 149

二、宽松式方角插肩袖 ·························· 151

第五节 花式袖的立体裁剪 ·························· 154

一、宽肩袖 ·························· 154

二、泡泡袖 ·························· 156

三、花瓣袖 ·························· 160

课后练习 ·························· 162

第七章 上衣的造型设计与立体裁剪 ·························· 164

第一节 上衣的造型设计 ·························· 164

一、浪漫风格 ·························· 164

二、都市风格 ·························· 165

三、运动休闲风格 ·························· 165

四、前卫风格 ·························· 166

五、简约风格 ·························· 167

第二节 前卫风格衬衫的立体裁剪 ·························· 167

第三节 浪漫风格衬衫的立体裁剪 ·························· 172

第四节 都市风格外套的立体裁剪 ·························· 177

课后练习 ·························· 188

第八章 半身裙的造型设计与立体裁剪 ·························· 190

第一节 半身裙的造型设计 ·························· 190

一、裙长设计 ·························· 190

二、裙腰设计 ·························· 190

三、下摆设计 ·························· 190

四、外部廓型设计 ·························· 191

五、内部结构设计 ·························· 192

　　六、功能设计 ······························ 193
第二节　下丰满型半身裙的立体裁剪 ··············· 193
　　一、半紧身裙 ······························ 194
　　二、圆裙 ································· 197
第三节　上丰满型半身裙的立体裁剪 ··············· 200
　　一、褶裥裹裙 ······························ 200
　　二、辐射裥裙 ······························ 204
第四节　组合造型半身裙的立体裁剪 ··············· 207
　　一、育克裙 ······························ 208
　　二、鱼尾裙 ······························ 210
课后练习 ································· 216

第九章　连衣裙的造型设计与立体裁剪 ·············· 218
第一节　连衣裙的造型设计 ··················· 218
　　一、廓型设计 ······························ 218
　　二、分割线设计 ···························· 218
　　三、开口设计 ······························ 220
第二节　收省式连衣裙的立体裁剪 ················· 221
第三节　横向分割式连衣裙的立体裁剪 ·············· 225
第四节　多向分割式连衣裙的立体裁剪 ·············· 230
课后练习 ································· 241

第十章　面料的造型设计及应用 ·················· 244
第一节　面料的缩聚设计及应用 ·················· 244
　　一、绣缀法 ······························ 244
　　二、扳网法 ······························ 247
　　三、折叠法 ······························ 248
　　四、挤压法 ······························ 248
　　五、推移法 ······························ 249
第二节　面料的附加设计及应用 ·················· 250

一、平贴法 250

二、填充法 250

三、堆积法 250

四、层叠法 251

第三节　面料的破拆设计及应用 252

一、剪切法 252

二、编织法 253

三、抽纱法 254

四、镂空法 254

五、拼布法 255

课后练习 255

第十一章　礼服的造型设计与立体裁剪 258

第一节　礼服的造型设计 258

一、礼服的廓型 258

二、礼服造型的分类设计 258

第二节　小礼服的立体裁剪 263

第三节　晚礼服的立体裁剪 275

第四节　婚礼服的立体裁剪 285

课后练习 295

第十二章　表演服的造型设计与立体裁剪 298

第一节　中式风格表演服的立体裁剪 298

第二节　创意类表演服的立体裁剪 306

课后练习 314

参考文献 315

附录 316

一、针插的缝制 316

二、手臂的缝制 317

基础理论及专业知识

本章内容： 1. 服装造型设计概述

2. 立体裁剪基础知识

3. 人台相关知识

教学时间： 4 课时

教学提示： 本章主要介绍关于服装造型设计与立体裁剪的基本知识，可以结合服装史讲解，使学生具有感观认识。服装造型设计的基本知识，是服装设计的基础，结合实例认识造型，了解基本的美学法则，做到认识美、发现美、创造美。立体裁剪需要的基础知识必须强调，其应用贯穿全书，是学生掌握立体裁剪的基础。面料的准备与大头针的使用方法作为操作的起步，一定要规范。人台标记带粘贴的准确性关系到造型的平衡与稳定，需要高度重视。要学好立体裁剪，首先要把握好基础，引导学生不可急于求成。

教学要求： 1. 了解立体裁剪的特点。

2. 了解相关的基础知识。

3. 熟悉立体裁剪的常用工具，重点是大头针的使用方法。

4. 掌握整理布料的方法。

5. 明确粘贴标记带的要求，并能准确操作。

第一章　概　述

本章主要介绍服装造型设计与立体裁剪的相关基础知识。

第一节　服装造型设计概述

服装设计是运用一定的思维方式、美学规律和设计程序，将设计构思以图稿的形式呈现，并选择适当的材料，通过相应的裁剪方法和缝制工艺，使其进一步实物化的过程，具体包括造型设计、结构设计、工艺设计三部分。造型设计以着装效果图的形式确定设计目标，结构设计将该目标分解、量化、确定平面样板，工艺设计将各裁片组合为服装成品，完成设计目标。整个过程环环相扣，缺一不可。

一、服装造型

服装造型包括服装的外部轮廓造型和局部细节的造型，是设计变化的基础，体现着流行。服装的外部造型是设计的主体，内部造型设计要符合整体外观的风格特征，内、外造型应协调统一，相辅相成。

（一）服装造型的构成

对于服装造型，点是构成的基本单元，只有相对大小，没有量化特征；线是点的有序排列，具有一定的走势和长度，呈现出一定的形状，如直线、曲线、折线等；面是连续的线条围成的封闭区域，具有一定的大小和形状，如三角形、四边形、圆形、环形等；体是面的有机组合，合围成空间，形成腔体，具有一定的内部容量和表面大小，如钟型、箱型、筒状、壳状等。

通常的构成顺序是点排成线、线围成面、面合成体，而在服装造型设计中，首先要确定的是体，即根据设计主体风格确定整体廓型，再利用线条对廓型进行面的拆解，最后加入点的装饰，如图 1-1 所示。体构成了服装的外轮廓，点、线、面构成了服装内部的细节。

（二）外部轮廓造型

外部轮廓造型是服装整体所呈现的空间特征，由服装的总体长度和围度构成。对轮廓造型的描述方式有多种，具体内容如表 1-1 所示。

平面描述直观、生活化，便于大众理解；几何体及实物描述很形象，便于立体裁剪时的模仿；以人体为基准的描述比较专业化，便于对造型的量化分析，适用于平面裁剪。

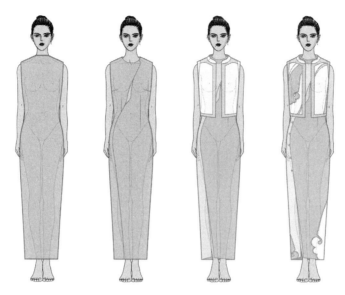

图 1-1　服装的造型设计

表 1-1　服装造型的描述方式

分类	描述对象	描述方式	实例
平面	轮廓造型的立面投影特征	几何形状	长方形、梯形、圆形
		英文字母	H 型、A 型、O 型、X 型
立体	轮廓造型	几何体	圆柱体、圆台体、球体
		相近实物	钟型、陀螺型、喇叭型
		与人体的关系	合体型、直身型、宽松型

（三）局部细节的造型

局部细节的造型是指服装内部的款式，包括结构分解线、边缘轮廓线、省道、领型、袖型、袋型等。同样的廓型，可以在其表面设计不同的款式，使服装呈现丰富的外观，满足着装者的不同需求，如图 1-2 所示。

二、服装造型设计的美学法则

服装设计具有一般实用艺术的共性，造型设计作为服装设计的第一步，主要体现其艺术性。设计过程中，应遵循通用的美学法则。

（一）基本原则

服装造型设计时，需要遵循"围绕中心的统一"原则。

1. 设计中心

每一款服装都应该有重点设计部位，外观上成为视觉中心，特别醒目。设计中心

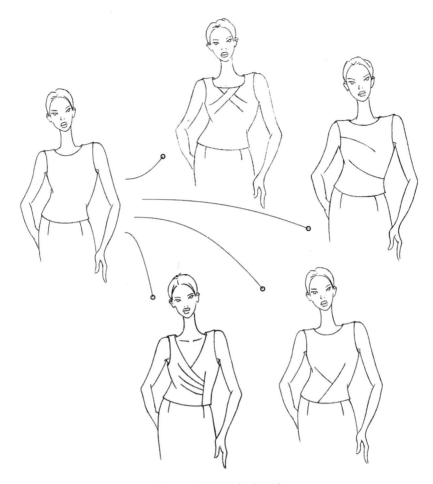

图1-2　服装的款式设计

的确立，一般是在设计之初，也有的是在设计过程中逐渐形成。重点设计的部位一般只选一处，或者相互关联的几处成为一个整体，而且要选择能够呈现人体美的部位。这种重点的设计，可以利用色彩的对比、材料的搭配、线条的排列、饰物的使用等实现。作为强调的中心，相对于整体来讲，往往形成"点睛"的感觉。

2. 统一的整体

服装以着装者为主体，"人装合一"，满足一定场合的着装需求，从整体廓型到细节设计，体现出统一的风格。服装上的部分与部分之间，部分与整体之间，材料应用、色彩选择、线条分布等，都应有一致性，全面衬托设计中心。

（二）设计的表达形式

服装设计通过图稿的形式表达，通常有效果图和款式图两种，如图1-3所示。效果图作为设计思想的艺术表现，主要表达服装穿着的立体效果，一般着重体现款式、造型风格和色彩等。款式图是造型平面图的线稿，主要表达款式造型及各部位的工艺要求，着重体现各部位比例、工艺特征等。

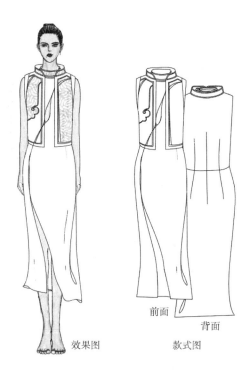

前面

背面

效果图　　　　　　　款式图

图1-3　服装设计的效果图与款式图

　　无论是效果图还是款式图，都是以线条作为表达设计的基本元素，尤其是服装内部的立体造型设计，就是对线条的组合应用。单线条的形状、走势，多线条的分布、排列，呈现出总体的和谐统一，引导形成视觉中心。虽然说设计没有对与错，没有好与坏，但是美的造型设计，其线条所呈现的外观特征往往正是契合了形式美的法则，所以对于学习者，在法则的引导下进行设计，可以比较快地发现美，把握美感，进而创造美，设计出美的服装。

（三）形式美的法则

　　美好的事物也是具有一定规律性的，外在形式的美通常体现在以下几个方面。

1. 尺度与比例

　　人体本身就有一定尺度与比例，例如纵向的头身比、上下身长比等，服装造型设计也需要一定的比例，既要符合人体的特征又要体现美感。线条将服装整体造型分解成多个部分，线条以相同的尺度有规律地排列，呈现出均等的比例；多线条的组合应用则体现一定的比例，如图1-4所示。设计时，独立线条的曲直长短、位置高低会使服装呈现不同的比例，组合线条间的形状及面积大小也体现出各部分间的不同比例，例如，裙子长度与衣身的比例、口袋的大小、位置与衣身的比例都应适当。"黄金分割"的比例，也适用于服装的设计。

2. 调和与对比

　　调和是以相同、相近、相似的因素有规律地组合，所构成的整体有明显的一致性。

图1-4　尺度与比例的应用

对比则是以相异、相反的因素组合，各因素间的对立达到可以接纳的最高限度，可以通过色彩、质地、形状等呈现对比的效果，如图1-5所示。

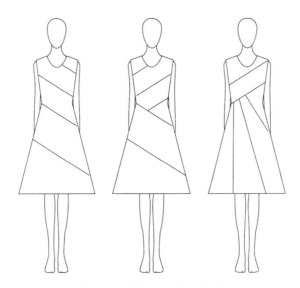

图1-5　调和与对比的应用

3. 对称与均衡

当设计具有稳定、静止的感觉时，则符合平衡的原则。平衡可分为对称平衡及非对称平衡：对称是以人体中心为想象线，左右两部分完全相同，具有端正、稳定的视觉效果；均衡是指左右部分设计不同，但有平稳的视觉效果，具有平衡感，常用斜线设计，呈现别致、生动的外观，如图1-6所示。服装上身与下身的设计要保持平衡，避免上重下轻, 或下重上轻的感觉。

图 1-6　对称与均衡的应用

4. 节奏与韵律

节奏是指一定的元素, 均匀重复或者有序渐变, 呈现出稀疏 (或密集) 而整齐的外观效果; 韵律是指元素排列规律的反复, 既有内在的秩序, 又有多样性变化, 重复与渐变自由交替, 从而产生 "错落有致" 的动感。如色彩由深而浅、形状由大而小等渐变的韵律, 线条、色彩等具规则性的重复、反复的韵律, 如图 1-7 所示。

图 1-7　节奏与韵律的应用

三、服装造型的应用

不同的造型体现不同的风格，不同服装品类的造型也不尽相同。

（一）直线造型

服装的造型由上至下均匀过渡，呈现直线廓型，如图1-8所示。这类造型简洁，多用于休闲风格的上衣、裙装、裤装等。

图1-8 直线造型的应用

（二）弧线造型

服装的造型由上至下非均匀过渡，呈现弧线廓型，如图1-9所示。这类造型柔和，局部略有夸张，多用于清新、富有个性的服装。

图1-9 弧线造型的应用

（三）组合造型

服装的造型可以由两部分或者更多部分组成，每部分呈现一定的廓型，不同的造型组合呈现不同的风格，优雅、活泼、柔美……多用于连衣裙、大衣等，如图1-10所示。

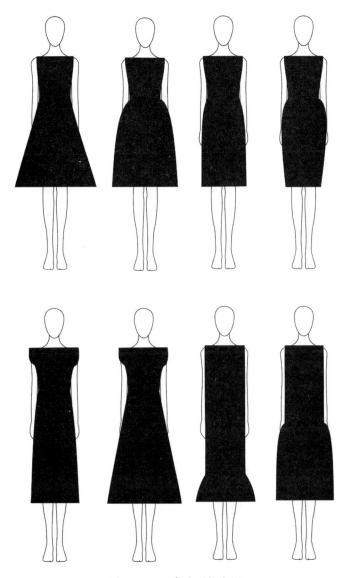

图1-10 组合造型的应用

第二节 立体裁剪基础知识

立体裁剪是选用符合设计效果的试样布料，披覆于人体或人体模型表面，直接进行服装立体造型设计，是服装结构设计的主要方法之一。作为服装塑型的一种高级手段，因其直观、富于变化、能够直接表达设计者意图等特点，已经为世界各地的服装设计者广泛使用。

一、立体裁剪的形成及发展

最早的服装只是将布料直接固定或缠绕于人体，以达到蔽体与装饰的目的。这类服装只有必要的穿脱结构，而没有考虑人的体型，所以不存在结构分解，也无须裁剪，如古希腊的基同和古罗马的托嘎。这是服装发展的非成型阶段。

随着服装文化的发展和各地间的相互渗透，服装造型渐趋合体，但也只是利用一些简单的平面裁剪（直线式分割结构）来塑成较为合体的造型，如哥特时期的考特。这是服装造型发展的半成型阶段。

推进到中世纪文艺复兴时期，欧洲服装首先脱离了古代文明的平面造型模式，出现了强调人体立体感的服装造型——突出胸部、收紧腰身，拉开了服装造型成型阶段的序幕。这类造型正是基于人体直接塑造而成，也就形成了最早期的立体裁剪。

经过巴洛克、洛可可时代至近代，立体裁剪逐步提高完善，直至现代，科技水平大大提高，立体裁剪工具的改进和材料的更新，使这种方法日渐成熟。众多名师不断创造出各具特色的优美造型，令人叹服。只是现代的立体裁剪并不仅仅是在人台上的直接操作，还包括运用一定的平面技术进行调整与修正，这二者的有机结合使得立体造型更趋完美。

二、服装结构设计的两种方法

从日常生活中知道，任何立体表面都可以经过合理分解，转换为多个形状不一定相同的平面，换言之，将一些特定的平面形状有序地连接组合，便可以塑成一定的立体造型。

服装可以看作是人体这个复杂多面体的表面，其所需材料又是平面的，所以必然经过平面组合而成型。不同造型需要不同的平面，不同平面组合成不同的造型。平面形状及大小决定立体造型，当设计师需要特定的造型时，与之对应的平面是必须明确的，确定这些平面也正是服装结构设计的内容与目的。

为了得到准确而可靠的平面，结构设计中常用的方法有两种，一是平面裁剪法，另一种是立体裁剪法。这两种方法目的相同，区别在于操作顺序、操作方法等的不同。平面裁剪法是在审视效果图的基础上，凭借一定的服装平面知识与经验，直接给出平面图，进而成型，进行立体检验确认，对比效果图进行修正；立体裁剪则是模仿效果图，直接用布料在人体（人台）上塑型，完成造型后将各个成型部分还原为平面裁片，拷贝后即得到平面图。这两种方法各有所长，但不是绝对割裂的，平面中有立体，立体中也不能缺少平面。

（一）立体裁剪相对于平面裁剪的优势

1. 准确

立体裁剪直接以人体为基础进行塑型，可以准确把握造型，达到设计要求。

2. 直观

立体裁剪的塑型过程可谓"立竿见影"，便于设计者充分表达创意，可以根据效果随时调整造型、比例与松量，在创作中不断引发设计灵感，体会特殊效果的微妙变化，而且设计师会很有成就感。

3. 便于把握复杂造型

对于一些夸张、复杂或不对称造型的处理，立体裁剪更容易实现。

4. 帮助树立造型观念

通过立体裁剪得到平面图，可以帮助认识、理解人体，建立立体与平面间的对应关系，体会"造型决定结构"的服装技术理念，积累平面结构设计经验，培养对设计线造型与比例的良好感觉。

（二）立体裁剪相对于平面裁剪的劣势

1. 对操作者要求高

立体裁剪时要求操作者具备相应的设计能力和平面结构的知识基础，熟练掌握各种操作方法与技巧，初学者难以胜任。

2. 操作过程复杂

不同部位、不同造型需要不同的处理方法，每一部分的用料纱向及大头针的固定方法都很讲究，必须各部分都细致操作，否则会因操作不当影响效果，而且得到平面图需经过较长过程、较长时间。

3. 操作条件要求高

一般情况下，要做好立体裁剪，需要标准的人台和较大量的坯布，以及一些专用工具和材料，成本较高。

相比之下，当成品造型复杂且要求高时以立体裁剪法为主，当成品为常见造型时多以平面裁剪法为主，很多情况下，需要二者综合完成塑型。

三、立体裁剪需要的知识基础

立体裁剪是基于人体的立体造型方法，有"软雕塑"之称，具有艺术与技术的双重特性。不仅需要设计的灵感、造型的美感等艺术基础，还要求服装适合人体、美化人体，这样就需要一定的服装专业知识基础。

（一）认识理解人体

要使服装造型适合人体，必须了解人体结构特征。人体是一个复杂的多面立体，需要将其合理分解为多个小的平面，面与面之间的分界线便是人体的特征线，线与线的交点便是人体的特征点，那么基于人体特征点与线的曲面分割是最合理的分解，这些点与线也就成为立体裁剪中选择结构线位置的重要依据。

(二) 合理分配服装放松量

服装相对于人体需要一定的松量，这是人体基本活动的需要，也是一定造型的需要。但松量在各部位分配量的不同，将对造型产生影响。把握好放松量的分配，使服装更具立体感，这也正是高品质服装的结构技术核心。放松量分配的总原则为相应人体表面转折部位所占比例大，活动部位所占比例大。

(三) 注意面料的纱向

面料纱向很大程度上决定面料的特性，如垂感、光泽等，这些特性对成品效果的影响很大。一般情况下，立体裁剪时裁片的经纱方向与纵向中心方向一致，以保证衣片的对称平衡，使造型均匀。为保证纱向的准确，立体裁剪中所有用料需要撕取。

服装是立体的，要实现其最佳效果就需要用立体裁剪。立体裁剪的世界是丰富多彩的，而且是井然有序的。只要遵循其规律，就可以尽情地发挥想象力，创造出无穷无尽的、美的立体造型。

四、立体裁剪常用材料及工具

立体裁剪需要一些专用的材料和工具如图 1-11 所示，下面分别说明使用方法及要求。

图 1-11　立体裁剪常用工具及材料

(一) 立体裁剪前需要准备的材料

立体裁剪需要用到的材料有以下几种：

1. 布料

为降低成本，一般采用本白色棉坯布，棉布的纱细度为 15~30tex（40~20 英支），以便适应实际用料不同厚度的需求。特别强调应该选择平纹织物，如果有专用色织方格（10cm×10cm）坯布最理想，可以清晰地看到布料纱向，保证成衣效果。如果实际用料是极薄或是针织类面料，立体裁剪时应该准备相应的类似面料。

2. 棉花

棉花主要用来填充人台的手臂和针插，另外在补正体型或满足设计需要突出某一部位时也要用到。

3. 标记带

在进行立体裁剪前,应该在人台的某些特殊位置做标记,需要专用的色胶带;也可用棉质织带代替,但固定时需要专用大头针,不如胶带方便。标记带为了醒目,当人台披上布后仍能清楚看到其位置,一般选择红色或黑色,标记位置往往是曲面,所以标记带不宜过宽、过厚,一般宽度为 0.3~0.4cm。

4. 绘图纸

立体裁剪是直接用布料在人台上操作,取得衣片轮廓及内部结构线,但每个衣片都需要拷贝到绘图纸上制成样板,以便实际裁剪时使用,所以绘图纸也是不可缺少的。

5. 棉线

有色的粗棉线,缝在布料上用作纱向标记,最好选用醒目的颜色,如红色、蓝色等。如果能买到色织的专用方格棉布,布料已经有明确的纱向线,棉线便不需要。

(二)布料的选择与整理

立体裁剪所用布料在材料、组织等方面都有其特殊要求。

1. 布料的选择

立体裁剪时多用与实际布料厚度接近的本白色棉坯布或其他棉质的平纹布料。常用棉布为 15tex(40 英支)至 30tex(20 英支),由薄到厚对应实际面料适当选择。

立体裁剪对布料纱向使用要求很高,为保证准确的方向,多选用平纹织物。平纹织物不仅可以很清晰地看到经纬纱向,操作时也较容易按纱向缝入彩色线作标记线或划出纱向线(有专用色织方格布时则不需要)。

2. 布料的整理

立体裁剪要求布料的经纬纱向垂直,一般情况下,由于织造过程中受力的原因,布料都有一定程度的纬斜,所以在使用前必须进行整理。

(1)去边:布边一般比较紧,影响布料的平服,所以应该将其去掉。在两侧布边约 2cm 宽处打剪口,撕去布边(布边可留作带子或包边用)。

撕去布边后,布料的经纬纱向容易混淆,建议顺经纱方向画线做标记。

(2)拉直:熨斗干烫布料,先将折印烫平,观察四边是否顺直,如有凹进部位,须一手压住该部位,另一手斜向用力拉出,使整条布边变直,如图 1-12 所示。

布料四角都应该是直角,如果不成直角,在两侧纬边两人顺两个钝角方向用力拉,使布边相互垂直。整理后的布边如图 1-13 所示。

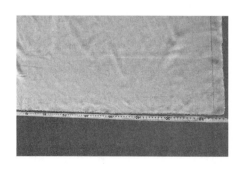

图 1-12 拉伸布边　　　　　　　图 1-13 整形后的布边

（3）推平：将布料沿经（纬）向对折，如图 1-14 所示，两角分别对齐，如果布料中间出褶，需要用熨斗向反方向推，直至褶消失，说明布料经纬纱向已完全调整好，如图 1-15 所示。整理好的布料顺经纱方向折叠，悬挂于人台备用。

 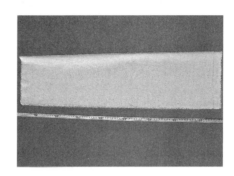

图 1-14　熨斗反向推褶　　　　　　　　　图 1-15　整理好的布料

（三）立体裁剪常用工具

1. 人台

人台是静态的服装载体，立体裁剪时要根据设计需要适当选择。

2. 熨斗

立体裁剪用的布料要求平整，经纬纱向正直，所以在使用前必须高温熨烫。为防止缩水变形或布料变硬，一般不宜使用蒸汽或加水，应该用调温熨斗以合适的温度干烫。

3. 尺

（1）皮尺：虽然操作中一般不需要测量，但在需要准确定位或有对称性等要求时，还是需要用皮尺测量的；另外将皮尺末端卷起并加吊重物还可用来确定竖直方向(重锤)。

（2）方格尺：即打板尺，衣片确定后，用于修正衣片样板轮廓线。

（3）曲线尺：用于帮助画出某些部位的曲线轮廓。

4. 剪刀

准备一把合用的大剪刀非常必要，立体裁剪中经常需要修剪。另外需要一把便于剪纸和剪线头用的小剪刀。

5. 大头针及针插

立体裁剪应该采用专用大头针，不锈钢材质，长约 3.5cm，直径约 0.05cm。

操作时需要大量的大头针，应该提前插在针插上。针插一般套在左手手腕上，方便随时取用。针插可以自己制作，具体方法参见附录。

6. 铅笔

黑铅笔用于绘制样板，彩色铅笔用于操作中作标记或在布料上画线。

7. 描线器（擂盘、复描器）

拷贝确认后的衣片轮廓时需用描线器。描线器有尖齿和圆齿两种，为保护拷贝样，由纸样拷贝布样时用尖齿描线器，由布样拷贝纸样时用圆齿描线器。

（四）大头针的使用方法

立体裁剪中大头针是必不可少的，衣片与人台的固定、衣片间的连接、省的叠合、特殊部位的标记都要用到。

1. 用针的基本原则

正确使用大头针，是进行立体裁剪的一项基本要求。不正确或不恰当的别针方法会影响造型效果，也会影响效率。用针的基本原则是连接平服牢固，方便操作，不影响造型。为此，首先要做到疏密得当。直线部位用针间隔较大（5~6cm），弧线部位稍密（约3cm），但间距都应该保持相对均匀，否则会干扰造型线。其次要根据部位和造型的不同，选择适当的别针方法。

2. 点固定

立体裁剪操作时，首先需要将布按照一定的纱向要求与人台在关键点处固定。常用的方法为 V 字形固定，如图 1-16 所示，将两个大头针以一定角度在相邻的点位入针，斜向插入半个针长，这样固定后可以做到上下左右都不会发生位移。如果需要临时固定，也可以用单针斜向插入的方法，只能保证单方向的稳定，但操作方便，造型过程中也常用到。

图 1-16 衣片前中线上点的固定

操作时一般首先进行前后中线的固定，只需要进行右半部分的立体裁剪时，固定点应该在中心线左侧 1~2cm 处，以便保持中心线处衣片与人台间的松量空间，与实际着装状态相符。需要左右片连裁时，固定位置可以在中心线标记带左侧或右侧任选。其他轮廓线位置的固定选择轮廓线交点内角处为宜，以方便后续的修剪过程。图 1-16 所示为前中线上点的固定，位置选在前中线外侧 1~2cm（前中线要求）、颈根围线下 1cm（轮廓线要求，不妨碍修剪领口）处。

任何位置的固定，操作时入针位置都应该避开标记带，一般情况下不允许将针的全长垂直插入人台，这样固定后衣片与人台贴合，失去了松量空间，与实际穿着状态不符。服装与人体间相对稳定的位置关系不能依靠针来保证，而是结构设计中应该考虑的。

3. 别合方法

立体裁剪时，常用的裁片连接针法有四种，如图 1-17 所示。每种方法都要求由净线位置（止口）入针，入针距离不宜过大，0.3～0.5cm，针尖露出部分也控制在0.5cm左右，即大头针的利用长度约为总长的1/3，这样既能保证平服，又可提高效率。

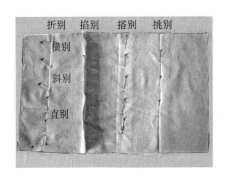

图 1-17　大头针的别合方法

（1）折别法：将造型线一侧衣片的缝份扣折后，压在另一衣片上用针挑缝，针的每次出入都穿透三层布料。该针法使折边形成的分割线露于表面，可以很容易地判断该线条是否准确美观，也方便调整。这种针法别合后可带针试穿，折边线即为最终缝合位置，是最常用的一种方法。根据针与止口形成的角度不同，又分为直别、斜别、横别三种情况。

（2）掐别法：多用于临时固定，操作时将两层布掐起，留出需要的松量后别针固定。针的每次出入都穿透两层布料，针的位置即为最终缝合位置，被别住的部分直立于布料表面，如肩缝、省的临时固定。

（3）搭别法：两衣片重叠在一起，在重叠部位将两层布一起穿透固定，针的每次出入都穿透两层布料。该针法连接平服，最终缝合位置可确定在两层布料搭接的任何位置，如领下口与衣片领口的固定常用此针法。

（4）挑别法：操作时，由一片布料的折边处入针、出针，然后针尖挑透另一片布料，再穿回到开始入针的布料折边上，连续出入三至四次。这种别合方法类似于手针的串缝针法，针的每次出入都只穿透一层布料，别合后表面看不到针杆。该针法适用于不等量连接，可随时调整吃量，所以常用于绱袖。出入针处即为最终缝合位置。

此处特别强调：四种针法都作为连接针法，所以不能别在人台上。一般为安全起见，无论哪种别法针尖都应该尽量朝下。

4. 应用

实际操作时，应根据连接部位的要求适当选择别针方法，使用最多的是折别法。一般情况下，折别的起始针与结束针应该在净线处，且与轮廓线平行；中间针要求方向一致，间距均匀。当别合区域较大时，需要先别合中间对位点，分别向两端捋顺后横别轮廓线起点与终点，确认各区域对应线等长、轮廓线顺直后，再等间距平行别合。

五、立体裁剪的操作过程

（一）准备

立体裁剪操作之前需要进行一些必要的准备。

1. 所需工具及材料的准备

详见本节"四、立体裁剪常用材料及工具"。

2. 绘制款式图

绘制款式图，要求准确反映人体比例的款式图，结构清晰，符合穿着要求。

3. 选择人台

根据需要，选择型号适合的标准人台，人台的型号一般以胸围的尺寸标在其醒目的位置。为方便操作，人台特征部位应该粘贴标记带。

（二）实际操作

1. 结构线定位

根据款式要求，在有结构线的位置（如分割线、省等）粘贴标记带，以便操作时准确处理。

2. 立体裁剪

（1）备料（Preperation of muslin）：根据所覆盖人体表面区域的大小及造型特征，撕取适量布料，烫平、整方，并做好经、纬纱向标记线备用。

（2）裁片（Draping）：将布料披覆于人台上，使布纹标记线与相应人台标记线重合，并在关键部位别针固定。

如前片：胸围线（纬向）、前中线（经向）；后片：肩胛线（纬向）、后中线（经向），保证布纹方向，将布料依次捋平、捋顺，留出必要的放松量后将多余部分在预定位置收省，使衣片合体。

（3）做标记（Marking）：在衣片关键点（轮廓线、省等）做标记（十字标或"◎"拼接符号）。

（4）平面修正衣片（Trueing）：将衣片从人台上取下，展开平放于图板上，连接各关键点标记，得到衣片轮廓线，并将不顺直的部位做适当修正，周围留足缝份，多余部分修剪掉。

（5）检查衣片（Checking）：将修正后的衣片重新别合，穿于人台上，进行整体检查，检查内容包括如下几点。

①纱向正确：每个部位都对其纱向有明确要求，在排除松量不适的前提下，调整省量分布使其符合要求。

②检查各部位松量：适度的松量是成衣必需的，可以自然地表现出人体的比例与形态。松量过小会使局部出现抽皱，合缝不能自然合拢；松量过大会使局部出现垂坠、松褶，使布纹方向被拉（放）而不符合要求。

③造型线的顺直：各部位造型线都应该顺直流畅，而且强调立体状态。平面与立体的差异往往导致平面顺直而实际造型中有问题，必须以立体效果为准进行修正。

④比例及局部设计要正确反映设计效果：整体分割比例，局部褶、省、袋等的位置、数量及造型等都应该与效果图一致。

（6）拷贝样板（Copying）：用描线器将衣片上的所有标记都拷贝到绘图纸上，得到准确的样板待用。

第三节　人台相关知识

人台作为立体裁剪的首要工具，使用之前需要了解其相关知识。

一、标准人台

作为立体裁剪的首要工具，模拟人体可以使设计师直接塑型。既然是模拟人体，那么人台就需要尽可能具备和接近人体所具有的特征，以保证立体裁剪结果的准确性。但也并不是强求人台必须与真人一样，适当的简化人体表面可使立体裁剪的操作难度降低，而且有助于美的塑型，最理想的人台一般称为标准人台，如图1-18所示。

标准人台应该具备正确而优美的比例，进而表现出美的服装造型；还应该适度表达人体表面的凹凸感，但不需要很突出，这样可使人台具有广泛的适用性，可依据流行或设计需要进行调整。此外，人台的表布不宜太硬太滑，应该接近皮肤的特性——平滑而有弹性，内壳与表布间应有适当厚度的垫层以便于插针。

二、人台分类

随着工业的发展，人台种类也不断丰富，不同性别、不同年龄、不同体型的人台已经出现，以适应不同着装主体的需求。

（一）按用途分

人台有立体裁剪用、成品检验用和陈列用（图1-19）等几类。在立体裁剪用人台中，根据主要适用服装种类分，有裸体人台和工业人台两类。裸体人台与人体非常相似，为内衣和合体型服装使用；工业人台的主要部位已经有一定的加放量，多用于进行外套的立体裁剪和成品检验，使立体效果更接近实际穿用状态。

（二）按部位分

（1）全身式人台：可用于各类服装的立体裁剪，但价格比较高，教学中使用比较少，如图1-20所示。

（2）连身式人台：带有局部下肢，可用于各类服装的立体裁剪，与全身式人台相比价格较低，可用于教学与普通生产，如图1-21所示。

（3）半身式人台：不带有下肢部分，是最常用的一类。可用于上衣、连衣裙、半身裙等的立体裁剪，如图1-18所示。

（三）按性别、年龄分

按性别、年龄分有男体人台、女体人台、童体人台，如图1-22所示。

图 1-18 标准人台

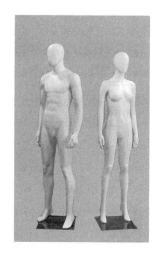

图 1-19 陈列用人台

图 1-20 全身式人台

图 1-21 连身式人台

（四）按比例分

　　大多实际使用的都是 1：1 的人台，为服装设计课程教学方便，院校也使用 1：2 小人台，如图 1-23 所示，以供学生练习造型、启发设计灵感，检验设计的可行性。

　　另外，不同地域民族和国家的人其体型特征也各不相同，所以各地都有本地人群的适用人台，各国都在研究发展适用的人台。我国虽然人台工业起步较晚，近年来也有了显著的改进。

三、人台准备

　　为操作准确方便，人台在使用之前应该做好相关准备工作，包括标记带的粘贴、手臂的缝制（参见附录）及体型补正等。

图 1-22 男体、女体、童体人台

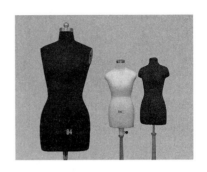

图 1-23 1∶2 小人台

（一）标记带的使用

立体裁剪时，为便于把握造型与结构，需要在人体表面特征线的位置粘贴醒目（红色或黑色）的专用胶带作为标记，简称贴条。

专用标记带宽度约 0.4cm，略有伸缩性，使用时不宜拉紧（伸长变形），避免一定时间后因长度回缩而浮起，尤其在人台曲面部位粘贴时注意留足长度。同时注意标记带也不宜留长度松量，否则会出褶，影响顺直。人台上经常需要粘贴曲线，可以提前在干净的玻璃板上将直条经拉伸变形为弧线（类似于归拔），定型一段时间后再贴于人台上，既方便操作又保证圆顺。

（二）标记带的粘贴

人台有不同型号，使用时应该根据需要适当选用。人台高度一般与操作者以肩部比齐为宜。人台使用中应保持竖直和稳固，以防标记带错位，导致裁片变形。标记带作为衣片结构线定位的依据，应该与人体表面特征线一致。标记带的粘贴顺序如图 1-24 所示，具体定位方法如下：

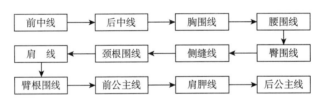

图 1-24 标记带的粘贴顺序

1. 确定前中点

在人台前肩部水平量取前中点（FNP），并用大头针标记准确位置，如图 1-25 所示。

2. 确定前中线

确定前中线位置之前，先强调"正对"方位。正对的要求是操作者的正面与人台标记带所处的位置呈立面垂直，如图 1-26 所示。对于人台某一纵向线，正对的位置是唯一的，而且不同位置的纵向线，具有不同的正对方位。只有处于正对方位观察，标记带才是竖直线。

 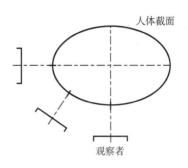

图 1-25　测量确定前中点　　　　　　　　图 1-26　正对方位示意图

　　确认支架及人台底托稳固且水平后（可以将人台置于平稳的桌面上），将皮尺下端加重物（重锤），上端比齐前颈点固定，自然垂下，正对前中线用大头针标记垂线位置，如图 1-27 所示。

　　3. 贴前中线标记带

　　先从卷盘上拉出约 20cm 标记带（过长会绞缠），左手比齐记号将标记带轻贴于人台表面，右手继续少量放出标记带，左手跟进确定走向，注意右手不宜用力拉紧标记带。退后 1m 正面观察，如果需要局部调整，用大头针插入标记带下，上下滑动理顺；确认无误后，用手指将标记带压实，如图 1-28 所示。

　　4. 贴后中线标记带

　　以同样方法粘贴后中线标记带，特别注意压实腰部，如图 1-29 所示。前、后中心确定后，要复核各围度尺寸（水平测量），确认左右是否对称。

图 1-27　确定前中线　　　图 1-28　贴前中线标记带　　　图 1-29　贴后中线标记带

　　5. 贴胸围线标记带

　　胸围线是经过胸点的水平线。确定右侧胸点（RBP），用大头针标记位置；平稳转动人台一周，在同一高度用大头针全方位标记，参考前中线粘贴方法与要求，沿大头针记号贴胸围标记带，如图1-30所示。注意两胸点间要贴合人台表面并压实。侧面观察，确认标记带四周在同一水平面上，如图1-31所示。

6. 贴腰围线标记带

腰围线是腰部最细处的水平线。正面观察人台，确定右侧腰部最细处并做标记，与确定胸围线相同的方法水平确定腰围线位置，并粘贴标记带，如图1-32所示。

图 1-30　贴胸围线标记带

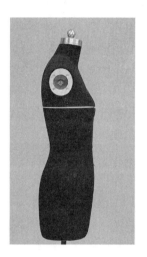
图 1-31　侧面观察

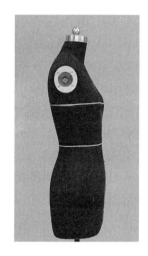
图 1-32　贴腰围线标记带

7. 贴臀围线标记带

臀围线是经过臀部最丰满处的水平线，侧面观察人台，确定右臀最高点并做记号，或沿前中线以腰围线向下18~20cm为宜确定其位置，采用与胸围线相同的方法定出水平臀围线，粘贴标记带，如图1-33所示。注意臀围线位置不宜靠下。

图 1-33　确定臀围线位置

8. 贴侧缝线标记带

侧缝线与胸围线的交点，位于右半个胸围的中点，沿胸围线量取右胸围并标记中点位置，如图1-34所示。用皮尺确定侧缝位置，如图1-35所示；粘贴标记带，上端高出胸围线约3cm，如图1-36所示。用与前中线同样的方法与要求，注意压实腰部。

  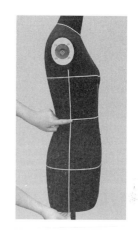

图1-34 确定侧缝上点　　　　图1-35 确定侧缝位置　　　　图1-36 贴侧缝标记带

9. 贴颈根围线标记带

颈根围线是人体躯干与颈部的交界线，用手指触摸确定各位置并用大头针标记，然后用皮尺测量确认颈根围左右对称无误后粘贴标记带，如图1-37、图1-38所示。颈根围需要曲线标记带，参考前文介绍的方法准备。

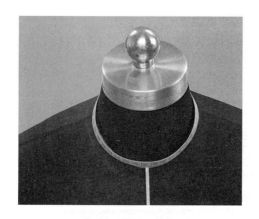 

图1-37 确定颈根围线　　　　　　　图1-38 贴颈根围线标记带

10. 贴肩线标记带

肩线连接颈肩点（SNP）与肩端点（SP），正面观察颈根部，侧面最突出位置为颈肩点；平视肩端部，最高位置为肩端点（臂根截面最高点），两点间自然连线粘贴肩线标记带，如图1-39所示。

11. 贴臂根围线与底线标记带

沿臂根截面轮廓粘贴臂根围线（用曲线标记带）。过臂根截面最低点水平粘贴约6cm长标记带，以便明确袖窿深的位置，如图1-40所示。

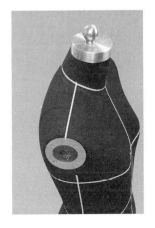

图1-39　贴肩线标记带　　　　　图1-40　贴臂根围线标记带

12. 贴前公主线标记带

前公主线由肩线中点开始，经胸点垂直向下。量取肩线中点做记号，用皮尺由中点自然过渡至胸点后垂下，正对皮尺观察投影、确定胸点以下位置。按记号粘贴公主线标记带，要求线条自然顺畅，腰部压实，如图1-41所示。

13. 贴肩胛线标记带

肩胛线是经过后背最突出位置的水平线。侧面观察人台，确定后背最突出点并做记号，过肩胛点水平粘贴标记带，如图1-42所示。参考胸围线的确定方法做肩胛水平线记号，注意左右肩胛区之间要压实标记带。

14. 贴后公主线标记带

由肩线中点，经肩胛点自然向下确定后公主线位置，粘贴标记带，如图1-43所示。要求同前公主线。

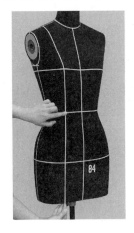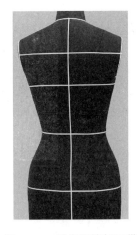

图1-41　贴前公主线标记带　　　图1-42　贴肩胛线标记带　　　图1-43　贴后公主线标记带

15. 完成

全部标记带粘贴完毕，如图1-44、图1-45所示。

16. 固定胸条

为了简化胸部表面形态，可以在两胸点之间固定白布条。取长为20cm，宽为1.5cm的白布条，双折后固定在左、右胸点外侧（尽量绷直），并在其表面贴出胸围标记线，如图1-46所示。

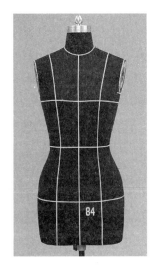
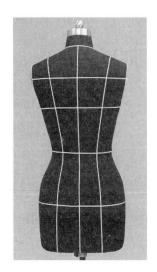

图1-44　完成图（正）　　　图1-45　完成图（背）　　　图1-46　固定胸条

（三）人台的补正

人台是按照标准体制作的，可以适应多种体型的需要，但和实际人体相比总会有一些细微差别。如果需要根据某个体体型进行立体裁剪时，就必须实施人台的补正；当造型需要强调某一部位时，也需要对该部位实施补正。

操作时，只能加厚某些部位而不能切削。一般是用较薄的成型填料（如针刺棉）剪成需要的形状，厚度不足时，可在内层再重叠一片形状相似的小片，保证造型过渡自然。下面介绍几种常用的补正方法。

1. 胸部的补正

需要强调胸部的隆挺时，要根据人体实际状态，将垫片裁成椭圆形。垫片的边缘要很自然地变薄。加垫层时，四周过渡要自然，先纳缝固定后，再用大头针整体固定在人台上。强调补正后不能破坏胸部的自然优美造型，如图1-47所示。

2. 肩部的补正

强调平肩效果时可以加垫肩。垫肩有各种造型的成品，可根据要求适当选用。如果有特殊需要，也可以自制垫肩，如图1-48所示。

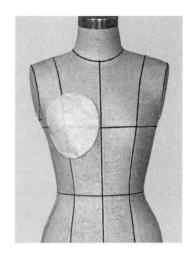
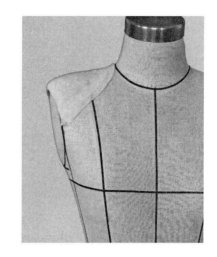

图 1-47 胸部的补正   图 1-48 肩部的补正

3. 背部的补正

进行肩胛骨的突出补正。背部略微隆起可使造型立体感加强，因此依据人体特征加附垫片，以满足造型要求。注意这样补正后并不是驼背体型，如图 1-49 所示。

4. 肩背部的补正

为突出肩背厚度，需要进行如图 1-50 所示的补正。由薄至厚添加垫片，使形状自然，且保留背部立体造型。

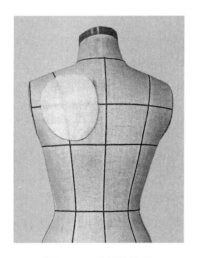
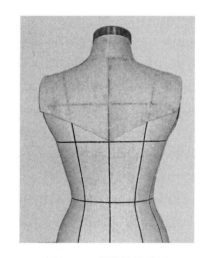

图 1-49 背部的补正   图 1-50 肩背部的补正

5. 胯部的补正

为突出胯部，需要进行如图 1-51 所示的补正。这种加附大多是为了满足时装化造型的要求，也有时是满足体型的要求。强调注意腰围至臀围的自然过渡。

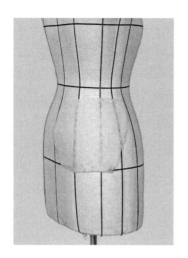

图 1-51 胯部的补正

课后练习

选择适用人台，按照要求准确粘贴标记带。

基础理论及专业知识

本章内容：1. 服装造型的塑型方法
2. 平面几何形状的塑型
3. 服装材料的造型特征

教学时间：8 课时

教学提示：收省、分片、出褶和叠裥是实现不同服装造型的四种基本方法，本章主要学习这四种方法的基本操作及其在服装中的简单应用，训练学生把握基本造型的能力，强调操作的规范性。关于平面几何形状的塑型，可以提示引导学生，利用简单的几何形完成一些局部装饰，为后续的整体设计打基础。服装材料的造型特征，建议借助实物现场操作并讲解，学生可以直观感受材料所具有的特性、不同材料的造型特征，同时建立造型和材料间的相互联系，以便后续设计中能够合理选择材料、利用材料。

教学要求：1. 掌握收省与分片的基本操作方法。
2. 掌握叠裥与出褶的基本操作方法。
3. 具有一定的分析造型、判断塑型方法的能力。
4. 具有塑造简单造型的能力。
5. 了解常用服装材料的造型特征。
6. 具有根据造型需求选用材料的能力。

第二章　服装造型的塑型基础

第一节　服装造型的塑型方法

立体裁剪中，塑造服装造型要从整体到局部、从廓型到细节。

一、立体裁剪的塑型过程

一般情况下，服装的立体造型是非均匀的。从立体裁剪的角度分析，首先要完成最丰满区域的造型，然后对其他部位进行多余量的设计性处理。具体过程包括做大、收小、调整。

（一）做大

立体裁剪时，一般撕取的白坯布为长方形，其长度满足最丰满造型所需要的长度，其宽度满足最丰满造型所需要的围度；长方形布料在人台上围拢，完成符合服装廓型特征的造型，即为"做大"，是立体裁剪塑型的第一个主要过程。

（二）收小

布料的围拢，实现了最丰满部位的造型，对于其他部位，造型相对收小，布料出现多余量。这些余量需要进行合理的处理，处理余量的过程便是立体裁剪塑型的第二个主要过程——收小。对于布料的多余量，通常采用收省、分片、叠裥、出褶等方法处理，这四种塑型方法的操作不同，形成的外观也不同，可以独立使用，也可以组合使用。立体裁剪时，要根据所需效果适当选用。

（三）调整

服装造型基本完成后，需要根据整体效果进行局部调整，进入立体裁剪塑型的第三个主要过程。服装造型往往需要反复调整，这一过程需要随时进行拍照记录，以便通过比较，实现最理想的效果。

二、收省

收省是在某一位置将余量以一定角度去掉，省的位置、形状、数量等可以根据款式要求变化。收省的方法广泛地应用于合体造型的服装中，收过省道后，外观上会看到线条状痕迹，指向人体凸出部位。

（一）操作方法

省道可以是直线、弧线、折线等，不同形状省道的操作方法略有不同。

1. 直线形省道

（1）确定余量：满足相关区域的放松量需求，在省道处掐出多余布料，并临时固定，如图 2-1 所示。

（2）设计省道：根据款式，在人台或者衣（裙）片上用标记带贴出省道的位置及形状，如图 2-2 所示。

（3）折叠省缝：将多余量沿标记带向内折叠，理顺省缝，如图 2-3 所示。

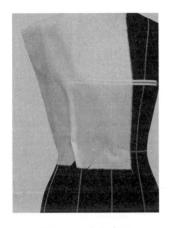
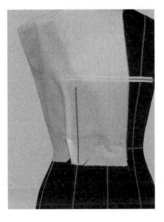
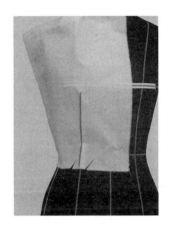

图 2-1　确定余量　　　　　　　图 2-2　设计省道　　　　　　　图 2-3　折叠省缝

（4）别合省道：去掉标记带，折别省道，先别省口、省中、省尖三点，确认省边顺直、平服后再别中间针；省口处横别；省尖处直别，针尖连续出入两次后指向省尖，如图 2-4 所示。要求省缝顺畅，省尖自然圆润，不出坑，不冒尖。

（5）平面画线：整体观察，确认造型满意后，沿省边对应做"+"记号；取下衣片，去掉别合针，根据记号画出省道，如图 2-5 所示。

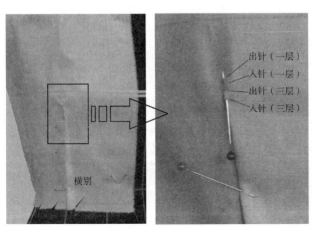
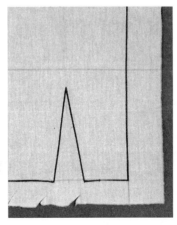

图 2-4　别合省道　　　　　　　　　　　图 2-5　平面画线

2. 弧线形省道

（1）设计省道：与直线形省道的操作相同，确定余量之后，根据款式，在衣（裙）片上用标记带贴出省道的位置及形状，如图2-6所示。

（2）剪开省缝：沿标记带留出缝份0.5~1cm，剪开衣片，注意只能剪至距离省尖约5cm处，如图2-7所示。

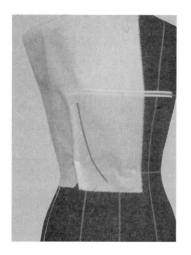 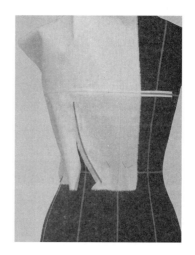

图2-6　设计省道　　　　　　　　　　　图2-7　剪开省缝

（3）别合省道：将省缝沿标记带向内折叠，理顺省缝；去掉标记带，折别省道，如图2-8所示。要求省缝顺畅，省尖自然圆润，不出坑，不冒尖。

（4）平面画线：整体观察，确认造型满意后，沿省边对应做"+"记号；取下衣片，去掉别合针，根据记号画出省道，如图2-9所示。

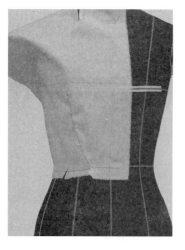 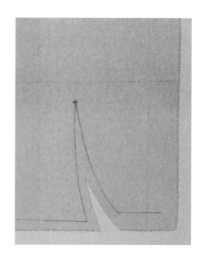

图2-8　别合省道　　　　　　　　　　　图2-9　平面画线

3. 折线形省道

（1）设计省道：与直线形省道的操作相同，确定余量之后，根据款式，在衣（裙）片上用标记带贴出省道的位置及形状，如图2-10所示。

（2）剪开省缝：沿标记带留出缝份0.5~1cm，剪开衣片，注意只能剪至距离省尖约5cm处，在省道转折处，将缝份打深剪口，如图2-11所示。

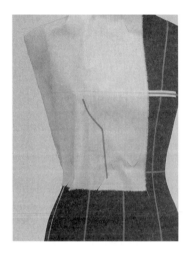

图2-10　设计省道

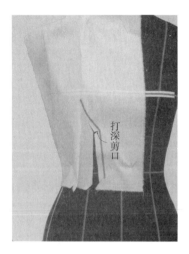

图2-11　剪开省缝

（3）别合省道：将省缝沿标记带向内折叠，理顺省缝；去掉标记带，折别省道，如图2-12所示。要求省缝顺畅，省尖自然圆润，不出坑，不冒尖。

（4）平面画线：整体观察，确认造型满意后，沿省边对应做"+"记号；取下衣片，去掉别合针，根据记号画出省道，如图2-13所示。

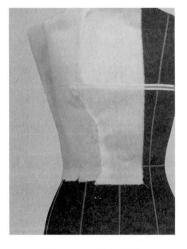

图2-12　别合省道

图2-13　平面画线

（二）应用实例

省道在紧身造型的衣身中的应用如图 2-14 所示，可以是单省道，也可以是多省道；位置和形状根据设计效果而定，大小由造型的合体程度决定；还可以是不对称的设计，或者与其他塑型方法结合使用。

图 2-14　省道的应用

三、分片

分片是将基本衣片分割成多片，经过人体表面凸出或者凹陷部位的分割，可以顺便处理多余量，实现合体造型，称为结构性分割线，如公主线、刀背线等；将分开的两片平铺时，对应线之间存在空隙。只经过人体表面平坦部位的分割，不存在需要处理的多余量，称为装饰性分割；将分开的两片平铺时，两片的对应线之间没有空隙。

（一）操作方法

结构性分割线与装饰性分割线的立体裁剪操作方法相同，下面以结构性分割线为例说明。

（1）设计分割线：根据款式，在人台上贴出分割线。以后身公主线为例，如图 2-15 所示。

（2）固定后中片：如图 2-16 所示，取适当大小的布料，画好的经向线对齐后中线，纬向线对齐臀围线标记，固定后中上点及下点；臀围留松量约 0.5cm，固定分割线与臀围线相交处；由臀围向上捋顺布料，在腰口缝份、分割线缝份打剪口，腰围留出0.2~0.3cm的松量，固定分割线的上点；在布料上用标记带贴出分割线。

（3）修剪缝份：沿标记带别出的分割线位置留2cm缝份，修剪分割线以外的余料，如图2-17所示。

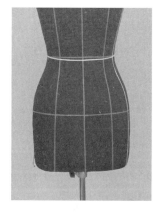  

图 2-15　贴标记带　　　　　　图 2-16　固定中片　　　　　　图 2-17　修剪分割线

（4）固定后侧片：另取适当大小的布料，画好的经向线对齐背宽标记线，画好的纬向线对齐臀围线标记，臀围留松量约0.5cm，与后中片的方法相同，分别固定分割线与侧缝的上点、下点，如图2-18所示。

（5）别合分割线：分割线处留出2cm缝份，修剪侧片；将后中片分割线的缝份沿标记带折净，压住侧片，别合分割线，如图2-19所示。注意先别合腰口、臀围、下摆三点，确认各区域对应线等长后，再等间距别合；最上端（腰口）、最下端（下摆）的针必须横别，中间各针相互平行即可。

（6）平面画线：整体观察，确认造型满意后，沿分割线对应做"+"记号；取下裙片，去掉别合针，根据记号画出分割线，如图2-20所示。

 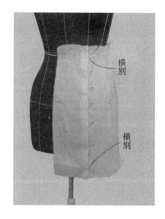 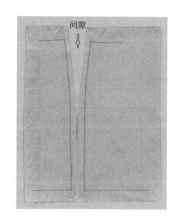

图 2-18　固定后侧片　　　　　　图 2-19　别合分割线　　　　　　图 2-20　平面画线

（二）应用

分割线的设置以满足外观需求为主，可以是横向、纵向、斜向，可以是直线、曲线、折线，也可以是单条、双条、多条……对于合体造型，经过造型最丰满的区域设置分割线，可以在分割线内收进造型余量。对于大的造型，受布料大小的限制，也需要在适当位置进行必要的分割。分割线的应用实例如图2-21所示。

图2-21　分割线的应用

四、叠裥

叠裥也可以实现在某个位置（款式需要）将余量有规则地叠进，完成合体塑型。但余量处于半固定状态，外观效果比收省更富于变化。当需要夸张造型时，可以通过加大叠裥量的方式解决。

（一）操作方法

根据折叠关系不同，将裥分为两类：布料沿斜线对应向内折叠时，形成曲面造型，称为斜线裥；布料沿直线平行向内折叠，造型仍为平面，称为直线裥。将这两类裥组合应用，可以形成环形裥、明裥、暗裥等，下面分别介绍这几种裥的基本操作方法。

1. 斜线裥

如图 2-22 所示，将布料沿斜线向内折叠，在需要的位置正面固定，形成斜线裥。折叠量在尾端自然消失，形成曲面造型。这种裥多用于合体造型或突出某一区域的夸张造型。

正面　　　　　　　　　　　　平面

图 2-22　斜线裥

如图 2-23 所示，将两个斜线裥以一定角度排列，尾端自然形成环状波纹效果，称为环形裥。反面则呈现三角状，这种裥多用于局部夸张造型。

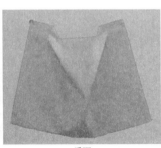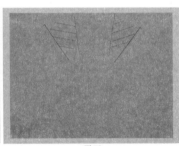

正面　　　　　　　　反面　　　　　　　　平面

图 2-23　环形裥

2. 直线裥

如图 2-24 所示，将布料沿平行线向内折叠，形成直线裥。固定时，起始位置横别，需要沿裥的方向继续固定时，一般用直别。直线裥的尾端自然形成波浪起伏效果，多用于夸张造型。

两个直线裥相对排列，形成暗裥；其反面效果则是两个裥相背排列，形成明裥。如图 2-25 所示。固定暗裥时，单针连续出入两次，分别固定两侧，针的方向与裥的方向垂直。

正面 平面

图2-24 直线裥

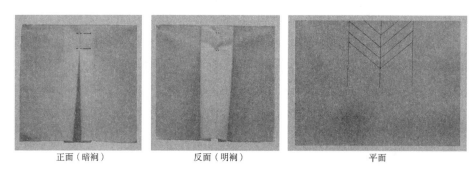

正面（暗裥） 反面（明裥） 平面

图2-25 暗裥与明裥

多个直线裥顺向排列，形成顺风裥，如图2-26所示。

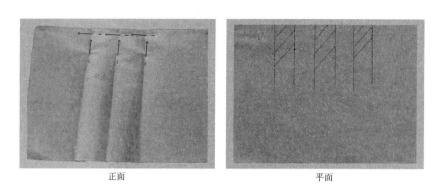

正面 平面

图2-26 顺风裥

3. 立裥

将斜线裥或者直线裥的折叠部分在正面掐别，自然直立于布料表面，便形成立裥，如图2-27所示。立裥可以多个排列，用于局部夸张造型。

（二）应用

叠裥的操作相对简单，塑型效果也比较稳定，在造型设计中被广泛使用。裥具有明显的折叠方向，多个裥顺向排列时形成顺风裥，反方向排列时形成对裥；裥量的大

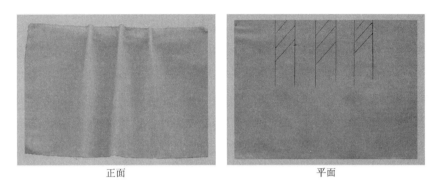

正面　　　　　　　　　　　　平面

图 2-27　立裥

小根据造型的扩展程度而定，一般会以所在部位基本长度的倍数确定。裥在服装中的应用如图 2-28 所示。

图 2-28　裥的应用

五、出褶

出褶与前三种方法的区别在于其区域性，即只能在一定范围内将余量收缩，而不能在某一位置全部去掉。出褶后形成不规则褶纹，造型的稳定性与精确性都较差。同样，也可以通过增加褶量的方式塑造夸张造型，在裙装中广泛应用。

（一）操作方法

服装中常见褶分为自然抽缩褶、定型褶、荡褶、波浪褶等，下面分别介绍这几种褶的基本操作方法。

1. 自然抽缩褶

自然抽缩褶是将多余量在最集中的区域内自然抽紧，形成细小而相对均匀的褶皱。这类褶的特点是收缩区域较大，造型松散，操作简单、精度要求不高，广泛应用于服装各部位的设计中。常用的抽褶方法有手针串缝、平缝机大针脚平缉、加松紧带、熨斗搓烫等。下面以手针串缝为例说明抽褶的操作方法。

如图 2-29 所示，手针穿双股棉线，沿布料上口串缝后，收缩至合适长度，并固定两端线头，形成自然抽缩褶。

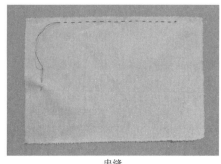 

串缝　　　　　　　　　　　　　　　　抽缩

图 2-29　抽缩褶

2. 定型褶

定型褶是指一定造型区域内表面呈现的不规则而稳定的褶皱状态。定型褶的效果主要应用于服装设计中的重点部位，如胸部、腰部。根据定型方式分为黏合类、挤压类、束缚类、缝缩类。

（1）黏合衬定型褶：借助黏合衬使褶定型，如图 2-30 所示。

①用黏合衬确定设计造型的形状，并根据褶的效果确定褶量（1/3、1/2、1 倍等），进而取到适当大小的面料。

②将面料两端手针串缝抽缩至与底布（衬）等长。

③理顺面料褶皱，并在一定位置点烫黏合衬，使褶定型，保持自然但不凌乱。

（2）挤压定型褶：将面料随机挤压，特定条件下定型而成，不作固定。如图 2-31 所示，可以用熨斗单方向推捏挤压形成细碎褶，也可以随机揉皱后压烫形成不规则折痕。

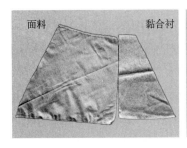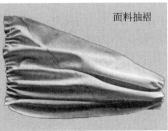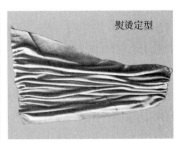

图 2-30　黏合衬定型褶

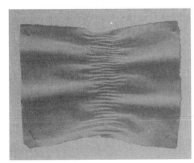

图 2-31　挤压定型褶

（3）束缚定型褶：在某一部位经打结、扭转、系扎等形成的褶皱，褶纹呈放射状，具有明显的聚集感，聚集处自然形成视觉中心，成为重点设计部位，如图 2-32 所示。

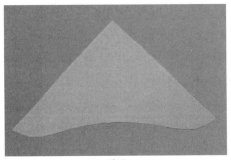

平面　　　　　　　　　　　　　正面

图 2-32　扭转定型褶

（4）缝缩定型褶：有规律或随意取点缝缩，使布料表面出现规则或不规则的褶皱效果。具体操作方法参见本书第十章。

3. 荡褶

荡褶是由布料自然悬垂形成的环状褶纹，沿斜纱方向成褶效果最佳，常用于领部、袖山、裙身等部位。

操作方法，如图2-33所示。在长方形布料的上口取对称两点，向中线靠拢后固定，便形成荡褶。

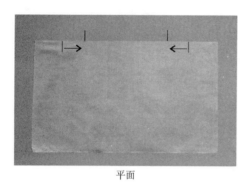

平面   正面

图2-33　荡褶

4. 波浪褶

波浪褶是由于衣片轮廓相对的两侧存在较大的长度差，成型后长边自然产生的起伏状松褶，沿斜纱方向成褶均匀，效果最佳。常见于荷叶边、裙下摆等部位。

操作方法，如图2-34所示。取扇环形状的布料，上口弧线拉直固定，下口便形成波浪褶。

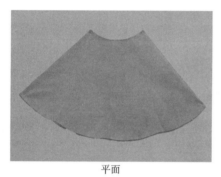

平面   正面

图2-34　波浪褶

（二）应用

褶的应用广泛，如图2-35所示。单边抽缩固定后，适合塑造蓬松的造型，褶的抽缩量越大，造型越蓬松。通常，抽缩量以所需长度的倍数而定，如0.5倍、1倍、1.5倍、2倍……但抽缩量较大时，造型的稳定性差，往往需要在内部加支撑。

定型褶表面呈不规则褶皱，肌理效果丰富，常用于贴身造型的局部装饰。

图 2-35　褶的应用

第二节　平面几何形状的塑型

立体裁剪时，撕取的布料为四方形，可以塑造一定的基本造型。其他常见几何形状的布料，也可以塑造一些特殊造型。

一、长方形

长方形布料对人体进行水平围拢时，形成柱状造型，如图 2-36 所示；对人体实现下放式围拢时，形成上小下大的台状造型，如图 2-37 所示；对人体实现上提式围拢时，形成上大下小的台状造型，如图 2-38 所示。

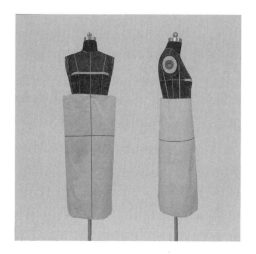

图 2-36　水平围拢的造型

图 2-37　下放式围拢的造型

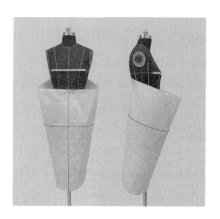

图 2-38　上提式围拢的造型

二、正方形

（一）整体应用

取边长约 110cm 的正方形布料，按照图 2-39 所示的平面示意图裁剪，利用面料的自然造型状态，在人台上进行披挂、折叠、固定，完成造型设计。这种设计是"一体化成型"在立体裁剪中的创意表达。

（二）分割应用

取适当大小的正方形布料，如图 2-40 所示，四个角分别沿对角线向中心点剪开，然后将一个角折向中心点并固定，形成"风车"造型。

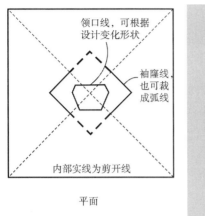

图 2-39　正方形布料的整体应用

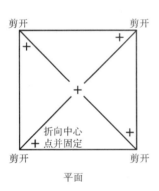

图 2-40　正方形布料的分割应用

三、三角形

（一）卷曲造型

将三角形布料卷曲，可形成圆润扩张的立体空间。为使造型挺括美观，可在布料反面粘衬。这种造型可以改变大小、调整卷曲程度，用于不同部位的装饰，如图 2-41 所示。

（二）对合造型

将等腰直角三角形底边上的 A、B 两点对合固定，可形成环形褶，A、B 与中点的间距决定褶的深度，如图 2-42 所示。

（三）折叠造型

取三角形面料，沿底边以均匀宽度折叠，并在中心处固定，两侧边自然散开成树叶造型，如图 2-43 所示。

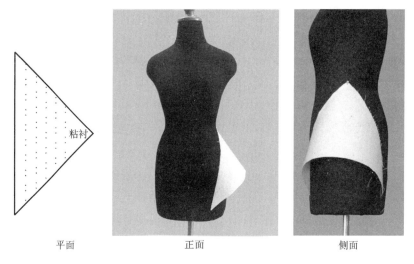

平面   正面   侧面

图 2-41　三角形布料的卷曲造型

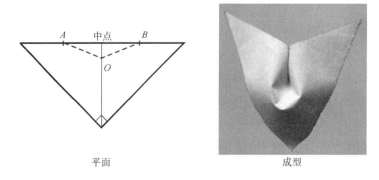

平面   成型

图 2-42　三角形布料的对合造型

平面   折叠   成型

图 2-43　三角形布料的折叠造型

四、圆形

（一）正圆形

取直径 120~140cm 的圆形，双折后披至肩部，在前中搭叠固定，即为优雅的披肩造型；领口处叠折，在腋下连接前后布料则形成袖子，成为宽松随意的外套样式，如

图 2-44 所示。

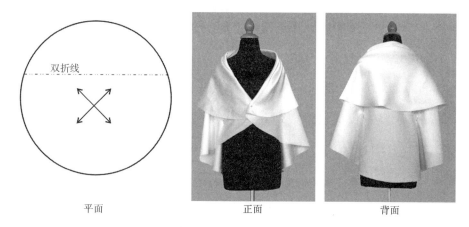

平面　　　　　　　　　正面　　　　　　　　　背面

图 2-44　圆形布料的造型

（二）螺旋形

取圆形面料，螺旋状剪开，中间圆心部分旋转两圈，并整理边缘成马蒂莲花型，其余部分自然下垂成波浪造型，如图 2-45 所示。

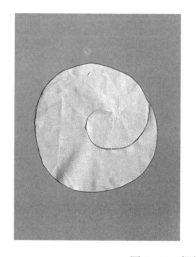
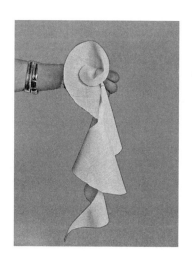

图 2-45　螺旋布料的造型

（三）圆环形

取环形布料，由后至前套在人台上，上部圆环向外翻折形成领子，前中搭叠，手臂从内圆伸出，圆环便成为露背马甲，如图 2-46 所示。

（四）扇形

扇形布料卷绕后形成锥型筒状，可作为一种装饰元素应用于服装中，扇形的角度及大小可根据设计调整，如图 2-47 所示。

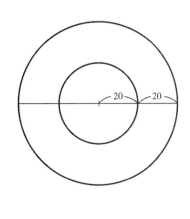

| 平面 | 正面 | 背面 |

图 2-46　环形布料的造型

| 平面 | 成型 | 应用 |

图 2-47　扇形布料的造型

（五）1/2 椭圆形

　　取 1/2 的椭圆形布料，以固定位置为中心，往复折叠，自然下垂形成梯状波纹，如图 2-48 所示。

（六）1/4 椭圆形

　　取 1/4 椭圆形布料，粘衬后打卷，长边在里，短边在外，修剪后可形成梯度上升的卷筒造型，也可作为装饰元素应用于服装中，如图 2-49 所示。

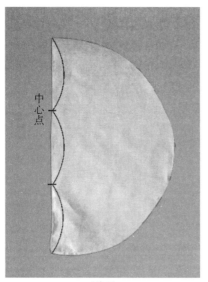

中心点

平面　　　　　　　　　　成型

图 2-48　1/2 椭圆形布料的造型

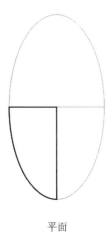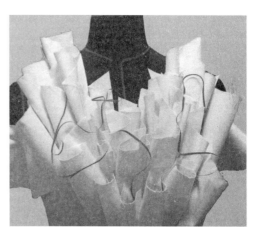

平面　　　　　　　成型　　　　　　　　　　应用

图 2-49　1/4 椭圆形布料的造型

五、月牙形

　　将多个月牙形布料拼接后形成瓜瓣状的立体造型，可用于造型夸张的袖型或裙身，如图 2-50 所示。

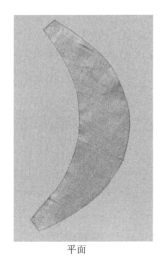  

平面　　　　　　　　　成型　　　　　　　　　应用

图 2-50　月牙形布料的造型

第三节　服装材料的造型特征

立体裁剪的主要材料是白坯布，有些造型和款式也会需要一些装饰性或者辅助性材料。

一、白坯布的造型特征

白坯布是立体裁剪的主要材料，造型过程中虽然不能改变布料本身具有的特征，但可以根据需要合理利用其特征。

（一）布料纱向对造型的影响

布料的外观及垂感等特性除了与原材料有关外，还与纱向有密切关系。立体裁剪使用的白坯布由经纱纬纱交织而成，经向纱线捻度大、强度最大、弹性最小，排列紧密，顺经纱方向硬挺、悬垂性较好，造型稳定。纬向纱线捻度较小、强度较差，弹性比经纱略大，顺纬纱方向垂感最差，保型性也较差。正斜向是经纬纱间45°方向，此方向的布料弹性最大，保型性也最差。

同一种布料，相同的形状，而采取不同纱向制成的波浪裙效果不同，如图 2-51 所示（图中画线为经纱方向）。应用中，为保证整体造型的对称且稳定，通常要求经纱方向与造型的对称轴线（前、后中线）平行；为保证造型轮廓的稳定性，则要求经纱方向与轮廓线平行；当设计要求既体现形体曲线又不加入省道时，通常要求轮廓线采用斜纱方向。如果纱向有问题，服装穿着时会出现扭曲，松垂或拉皱现象，如下摆不齐、波浪不匀等，这些并非结构问题。

通常需要保证经纱方向的位置有前中线、后中线（后片无拼接）、背宽线（后中拼

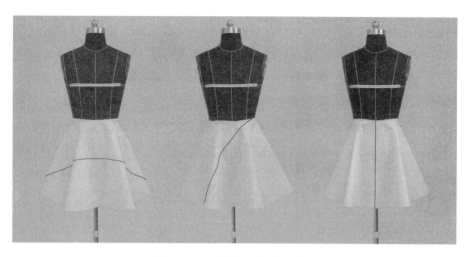

图 2-51　不同纱向的造型对比

接），裤子的前、后烫迹线。需要保证纬纱方向的部位有胸围线（上衣前片）、肩胛线
（上衣后片）、臀围线（裙、裤）等。

（二）厚度对造型的影响

相同的形状，取相同的纱向，用不同厚度的白坯布制成的波浪裙，效果如图 2-52
所示（图中画线为经纱方向）。

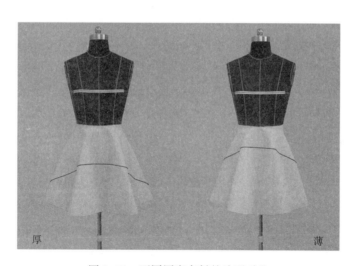

图 2-52　不同厚度布料的造型对比

（三）附加黏合衬对造型的影响

白坯布附加黏合衬之后，硬挺度明显增加，同时厚度增加，重量加大。需要硬挺
的夸张效果时，通常选用非织造黏合衬，粘贴后布料的造型如图 2-53 所示。

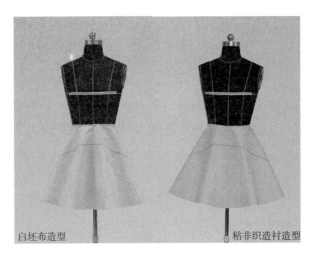

白坯布造型　　　　　　　　　　粘非织造衬造型

图 2-53　附加黏合衬布料的造型对比

二、装饰材料的造型特征

立体裁剪中常用的装饰材料是纱质材料，有欧根纱、网眼软纱、网眼硬纱等。

欧根纱材质轻薄、透明，有膨胀感、漂浮感，多用于服装表面的装饰。网眼软纱材质轻柔、透明，有下垂感，也用于服装表面的装饰。网眼硬纱材质硬挺、透明，有膨胀感，多用于塑造夸张造型或者作为服装造型的支撑材料。

三、其他材料的造型特征

立体裁剪中有时需要呈现特殊的轮廓，因此会用到一些线状或者条带状的支撑材料。线状支撑材料如柔韧的渔线、硬挺的铁丝；条带状支撑材料有鱼骨，用于紧身胸衣的塑型，挺括而且有韧性，穿着舒适性相对较好；还有钢条，用于制作裙撑，成型后稳定性好，还可以折叠，便于收纳。

表演或者展示类服装的立体裁剪，会用到一些非服用材料，其造型特征在此不详述。

课后练习

收集上衣款式，要求衣身分别采用收省、分片、叠裥、出褶的方法，每种方法至少 5 款。

专业知识及专业技能

本章内容：1. 原型裙的立体裁剪
　　　　　2. 原型衣片的立体裁剪

教学时间：4 课时

教学提示：原型的立体裁剪是最基础的立体裁剪，主要学习把握基本造型的方法，建立对立体裁剪的基本认识。立体裁剪得到的衣片平面结构是平面裁剪的基础，有助于加深对平面裁剪方法的认识与理解。同时，平面裁剪知识也为立体操作中放松量的确定与分配提供了经验。

教学要求：1. 掌握衣片与人台固定的基本方法。

　　　　　2. 掌握各部位松量的预留方法及基础值。

　　　　　3. 掌握省道及分割线的别合方法。

　　　　　4. 了解省量分配的基本原则，并在实际操作中能灵活应用。

　　　　　5. 进一步加深对原型衣片、袖片、裙片平面结构的理解。

第三章 原型的立体裁剪

原型是指实际应用之前的服装基本形态，无任何款式变化因素，包括原型裙和原型衣片。

第一节 原型裙的立体裁剪

原型裙作为一款合体裙，是平面裁剪法的基础裙型，其他裙型的结构都可以由原型裙变化得到。在人台上立体裁剪直接获得的裙片原型，可以为立体裁剪裙装和平面裁剪裙装奠定良好的基础。

（一）款式说明

原型裙裙身合体，呈直筒状，裙长至膝。另装窄腰头，前、后片左右各收两个腰省，后中分割开门襟，如图3-1所示。

（二）材料准备

1. 人台准备

（1）明确胸背宽位置：为了准确把握衣片的用布方向，需要在人台胸宽线、背宽线处粘贴标记带，衣（裙）片对应这两个位置应该保持经纱方向，如图3-2、图3-3所示。侧面观察臂根截面，确定胸宽点与背宽点（前、后最凸出点），分别由此两点向下用重锤找出竖直线，面对面（与第一章要求相同）用针别出位置标记，沿标记粘贴标记带，注意腰部留足长度并压实。

（2）明确后腰口：半身裙穿着稳定状态下，后腰口线要比水平腰围线低，下落量与体型有关。制作半身裙时需要明确该位置，因此后中下落0.5~1cm，自然过渡至侧缝腰围线处另外粘贴标记带，如图3-4所示。

图3-1 原型裙款式图

2. 布料准备

（1）取布量的确定：通常情况下，对于比较合体的造型，布料长度以覆盖区域的纵向长度为基础，上下分别预留出3~5cm的余量；布料宽度以覆盖区域的横向长度为基础，两侧分别预留出5~7cm，以满足造型最丰满部位需要的长度和围度。本书所使用人台的胸围为84cm，备料尺寸也是基于此型号，如果使用人台型号不同，需要酌情

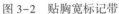

图 3-2　贴胸宽标记带　　　　　图 3-3　贴背宽标记带　　　　　图 3-4　贴后腰口标记带

调整。本书所有图示中数据的单位均为 cm，备料图中轮廓线外的数据为取布尺寸，轮廓线内的数据为画线位置，未作明确标注者则为取中。

（2）画线：撕好的布料烫平、整方，分别画出经纬纱向线，原型裙所需布料具体要求如图 3-5 所示。

（3）腰头定型：腰头需要先扣烫 1cm 缝份，然后对折烫，净宽 3cm，如图 3-6 所示。

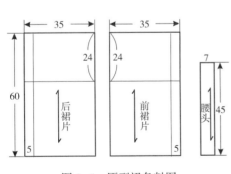

图 3-5　原型裙备料图

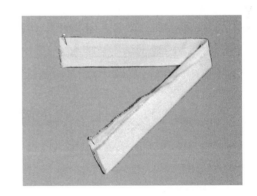

图 3-6　腰头定型

（三）操作过程及要求

1. 前片

（1）固定前中线：取前裙片布料，经、纬纱向画线分别比齐前中线与臀围线，在前中线左侧 1~2cm 处，腰围线上方双针固定上点、臀围线上方固定下点，如图 3-7 所示。

（2）固定臀围线：保持纬向线与臀围线一致，在臀围中区揿取 1cm 横向松量，在侧缝标记线外侧双针固定臀围侧点，如图 3-8 所示。臀围松量也可以在侧缝处追加，具体方法为：先将裙片布料由前中至侧缝平覆于人台臀围处（切忌横向拉伸布料），做出臀围侧缝点的标记，然后比标记向外让出 1cm 固定该点，并将松量向内推送，如图3-9所示。

加松最后
侧缝的位置
紧贴臀围时
侧缝的位置

| 图 3-7 固定前中线 | 图 3-8 固定臀围线 | 图 3-9 臀围松量的追加 |

（3）固定侧缝线：保证胸宽标记线处为经纱方向，将裙片由臀围线向上平推至腰围线并临时固定；在腰口、侧缝不服帖部位的缝份上打剪口，捋顺裙片，固定腰围侧缝点，如图 3-10 所示。

侧缝的中臀围部分并不服帖，这是合体裙侧缝的实际情况，需要在别合侧缝时作缩缝处理。

（4）确定腰省：确定公主线偏侧缝 1cm 处为第一省位，侧缝与第一省中间为第二省位；两省之间中心处保持经纱方向，将腰部余量分为两部分，如图 3-11 所示。

（5）折别腰省：保留前腰口松量约 0.5cm，将省缝向内折进、倒向前中线，如图3-12 所示折别腰省。省的别合方法参见第二章中的"收省"部分，别合腰口处时切忌

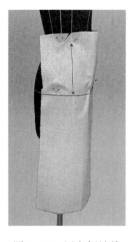

| 图 3-10 固定侧缝线 | 图 3-11 确定腰省 | 图 3-12 折别腰省 |

横向拉伸布料，以免腰口变形。注意腹部松量的保持约 0.8cm。

（6）修剪：修剪侧缝与腰口余料，完成前片，如图 3-13 所示。拆除侧缝的固定针，将前裙片折向前中临时固定，露出侧缝准备制作后片。

2. 后片

采用与前片相同的操作过程完成后片，如图 3-14 所示。需提醒注意的是后侧缝缩缝位置相对偏下，靠近臀围线，为保证别合侧缝时不错位，需要做好对位标记。

图 3-13　前片完成图　　　　　　图 3-14　后片完成图

3. 固定侧缝

（1）确定侧缝：将裙片的侧缝前压后搭合，在前裙片上用标记带贴出侧缝位置，如图 3-15 所示。注意一定要顺直向下。将裙片的侧缝后压前搭合，在后裙片上沿标记带做标记，标出侧缝位置，如图 3-16 所示。

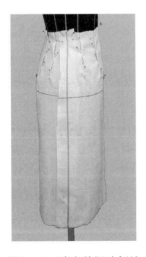 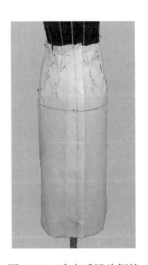

图 3-15　确定前裙片侧缝　　　　图 3-16　确定后裙片侧缝

（2）别合侧缝：如图 3-17 所示，别合侧缝时，先别臀围线处，再横别腰口净线位，然后对应缩缝区域标记，等间距别合其间；将臀围处侧缝临时固定于人台，左手拉紧侧缝下摆，右手调整前片折边大小及与后片对合的位置，使侧缝顺直；先别合下摆净线处与中间点，确认各区域对应线等长后，等间距别合侧缝下半部分。

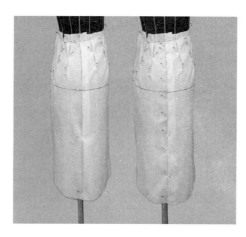

图 3-17　别合侧缝

至此，裙片原型的立体裁剪操作基本完成，分别从正面、侧面、后面整体观察，如有不服帖之处及时调整。

4. 成型

（1）固定裙底边：将底边贴边向内折进，在贴边上边缘处与裙身固定，别针方向与底边垂直，减少对底边自然造型的影响。

（2）装腰头：腰头的双折边在上，扣净的下口与裙身别合，别针方向与腰口平行。

（3）检查：只在人台前、后中线的腰口处固定裙装，分别从正面、背面、侧面观察，如图 3-18 所示。具体检查内容如下：

①纱向：前后中线、胸背宽线处均为经纱向，两腰省中间处也应该保持经纱向，裙身自然下垂。

②松量：半臀围放松量为 2cm，半腰围放松量为 1cm，中臀部也应有适当松量（约1.5cm），裙身不能紧绷于人台。各部位松量相对均匀，自然贴体。

③线条：轮廓线、省缝都应顺直、流畅。

5. 做标记

确认裙装整体满意后，立体状态下在轮廓线及省位用彩色铅笔做标记；也可以将裙装整体从人台上取下，边做标记边拆解。注意定点时要用"十"字标记，对位点和定位点标记一定不能遗漏。

6. 裁片画线

（1）腰口画线：连腰头取下裙片，沿腰头下口在裙身腰口处做虚线标记，然后拆去腰头，借助曲线尺画顺腰口线，测量腰围，确认半腰围松量为（1±0.2）cm，同时确认前后中线、侧缝及各省道与腰口线的垂直关系，如图 3-19 所示。

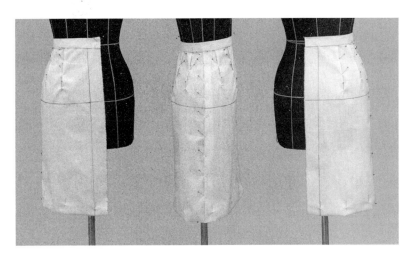

图 3-18　完成图

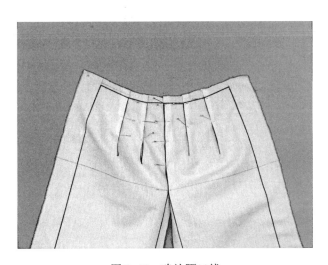

图 3-19　确认腰口线

（2）裙片拆解：确认标记完整后逐步拆解裙片，最终平铺于桌面上（可以烫平，但一定注意不能变形）；复核前、后片臀围尺寸，确认半臀围松量为（2±0.5）cm。

（3）轮廓画线：根据四周的标记，画出裙片轮廓线。注意侧缝臀围以上部分的弧线圆顺，并与臀围以下部分的直线顺接；前、后片侧缝弧线区域要求弧度尽可能一致，并在需要缩缝的部分做明确标记，直线区域要求等长。

（4）省道画线：根据省口、省边线、省尖点标记画出省道。要求省中线与腰口线垂直，保证两条省边等长；前片各省量略小于或等于侧缝收腰量，后片各省量略大于侧缝收腰量。

（5）完成裁片：全部画线完成，剪齐各边，得到裙身裁片，如图 3-20 所示。

图 3-20　裁片

7. 拷贝及样板修正

（1）拷贝后片：在样板纸上作水平线、竖直线，与后裙片两线（臀围线、后中线）比齐、固定，借助描线器，拷贝后裙片结构线与标记。

（2）拷贝前片：测量前裙片臀围，在样板纸上沿后片臀围线根据前臀围大确定前中线位置，作竖直线，并与前裙片臀围线、前中线比齐、固定。拷贝前衣片结构线与标记。

（3）样板修正：在样板纸上绘出平面图并检查修正：腰围、臀围尺寸是否符合规格要求，线条不圆顺的部位略作修正，对位标记与定位标记必须齐全，做好纱向符号后备用。

第二节　原型衣片的立体裁剪

原型衣片的立体裁剪是最基础的立体裁剪，各部位需要一定的放松量，但整体效果还是突出体型的。立体裁剪得到的衣片平面结构是平面裁剪的基础，有助于加深对平面裁剪方法的认识与理解。

（一）款式说明

原型上衣造型合体，长至腰节；胸省位于肩缝，前片左右各收一个腰省；后片收肩省，左右各收两个腰省，如图 3-21 所示。

（二）材料准备

如图 3-22 所示，准备原型衣片所需布料，烫平、整方，分别在要求位置画出经、纬纱向线。

图 3-21 原型衣片款式图

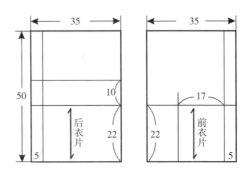

图 3-22 原型衣片备料图

(三) 操作过程及要求

1. 前片

(1) 固定前中线: 取前衣片布料, 将纬纱线与胸围标记线重合, 经纱线与前中标记线重合, 在前中线外侧 1~2cm、颈根围线下 1cm 处双针 "V" 字形固定上点; 顺前中线向下轻推, 过胸部使布料自然下垂, 在腰围标记带上方、前中线外侧 1~2cm 处固定下点, 如图 3-23 所示。注意前中线的固定应该在中线左侧 (外侧)。

(2) 固定胸宽点: 保持纬纱画线与胸围标记线重合, 在胸点处双层掐取 1.5cm 横向松量, 单针斜插临时固定胸宽; 沿胸围线捋顺至胸宽处, 双针固定胸宽上点, 如图 3-24 所示。

图 3-23 固定前中线

图 3-24 固定胸宽点

(3) 固定侧缝: 保持胸宽标记线处为经纱向 (建议提前在此处画出或别出经向线以便于操作), 由胸围线向下捋顺至腰围线, 在腰围线处临时固定, 如图 3-25 所示;

继续保持纬纱画线与胸围线重合，侧缝与胸宽线间平行留出约 0.5cm 松量，分别在胸围线上约 2cm、腰围线处的侧缝线内固定上下点，如图 3-26 所示；侧缝留出 2~3cm 缝份，修剪余料，如图 3-27 所示。固定针在侧缝内侧时，便于修剪。

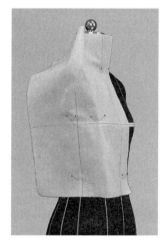
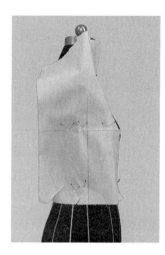

图 3-25　临时固定腰部　　　　　图 3-26　固定侧缝　　　　　图 3-27　修剪侧缝

（4）固定颈侧点：

①将胸点与前中线间布料由胸围线向上平推，使衣片与人台自然贴合，高出颈根围线 2cm，由前中水平剪进 5cm，如图 3-28（a）所示。

②向上顺剪小圆弧至上口，粗裁领口，注意少剪多修，以免剪缺，如图 3-28（b）所示。

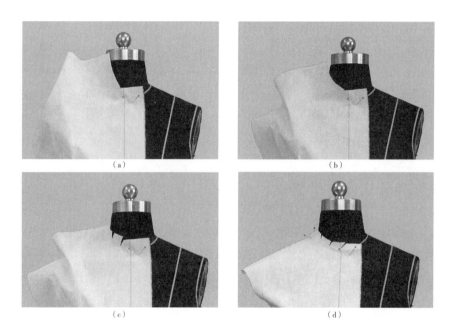

（a）　　　　　　　　　　　（b）

（c）　　　　　　　　　　　（d）

图 3-28　修剪领口

③进一步修正领口，打适量斜向剪口（不能剪过颈根围线），使领口服帖，如图3-28（c）所示。

④领口留适当松量（约0.3cm），固定颈侧点，如图3-28（d）所示。

（5）固定肩端点：将胸围线以上余量向肩部平推，袖窿底部位留出约1cm松量，双针固定肩端点内侧，如图3-29所示。

（6）修剪：留出2~3cm缝份，修剪侧缝、袖窿、肩线处的余料，如图3-30所示。修剪时注意避开固定针，以免损坏剪刀。

图3-29 固定肩端点　　　　　　　图3-30 修剪袖窿及肩线

（7）掐别胸省：根据造型需要，肩线位置不需要松量，距离胸点2~3cm处为省尖点，此处松量最大。操作时，先将胸部余量全部掐进、临时别合（不留松量也不可以拉伸布料）；肩线位置的针不动，以下各针位都并排再别一针，两排针的间距即为松量；取下掐紧时的固定针，完成胸省的掐别，如图3-31所示。建议初学者用此方法，便于准确控制各部位松量，熟练后可以直接留松量掐别。

图3-31 掐别胸省

（8）掐别腰省：分别在前中区域、侧缝区域留出0.5cm腰围松量，并用针临时固定；参考胸省的别合方法，在公主线位置掐别腰省。为使腰部服帖，下摆适量打斜剪口，如图 3-32 所示。注意剪至距腰围线 0.5cm 为佳。

（9）折别省缝：在掐别省缝的固定针位用铅笔轻轻画线做标记（两侧都要做），取下固定针，将省缝沿标记向前中方向折进，用大头针理顺省缝后折别胸省及腰省，如图 3-33 所示。要求省尖处自然圆润，不出坑，不冒尖。

至此，完成前衣片，用铅笔沿轮廓线轻轻画线后，将肩线与侧缝掀开，准备制作后片。

图 3-32　掐别腰省　　　　　　　　　图 3-33　完成前片

2. 后片

（1）固定后中线：取后衣片布料，使经纱线与后中标记线重合，纬纱线与肩胛标记线重合，在后中线偏左 1~2cm、颈根围线下 1cm 处双针"V"字形固定上点；沿后中线向下，过肩胛区，向下捋顺布料（不可以拉伸布料），在腰围线处经纱线偏出后中线 0.7cm 固定后中下点，固定点位于后中线偏左 1~2cm 的腰围线上侧，如图 3-34 所示。

（2）固定肩胛线：保持纬纱线与肩胛标记线一致，在肩胛位留出约 1.5cm 的横向松量，临时固定背宽点，如图 3-35 所示。

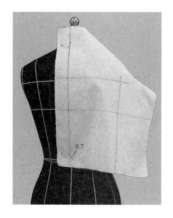 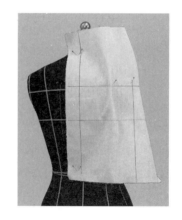

图 3-34　固定后中线　　　　　　　　图 3-35　固定肩胛线

（3）固定侧缝：保持衣片背宽线的经纱方向，腰围线处临时固定；背宽线与侧缝间平行留出约 0.5cm 的松量，在侧缝标记带内侧分别固定侧缝的上、下点，如图 3-36 所示。

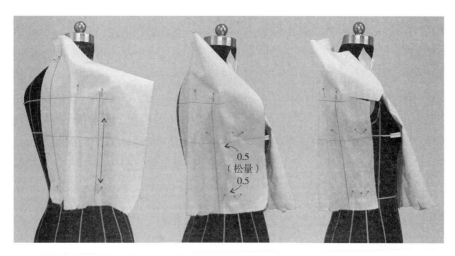

图 3-36 固定并修剪侧缝

（4）固定颈肩点：将后中与肩胛点间布料由肩胛线向上平推，使衣片与人台自然贴合；高出颈根围线 2cm 由后中水平剪进 7cm 后，向上顺剪小圆弧至上口，粗裁领口，注意少剪多修，以免剪缺；进一步修剪领口，打适量斜向剪口（不能剪过颈根围线），使领口服帖，并留适当松量约 0.3cm，固定颈肩点，如图 3-37 所示。

（5）固定肩端点：将肩胛以上部分的余量向肩部平推，袖窿中部留出 0.7cm 的松量，固定肩端点如图 3-38 所示。固定方法与要求同前片。

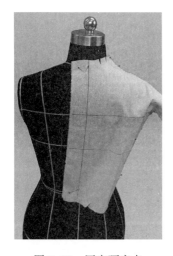

图 3-37 固定颈肩点

图 3-38 固定肩端点

（6）掐别省缝：将肩端点与颈肩点之间的余量，在肩缝处形成肩省，沿公主线掐别固定；下摆打斜剪口，后中线与背宽线间留出约 1.5cm 的胸围松量，分别在公主线处与背宽线内侧 1cm 处掐别腰省，省量分配以两省之间的中线位置保持经纱向为准；修剪侧缝、袖窿、肩缝处的余料，如图 3-39 所示。修剪要求同前片。

（7）完成后片：参考前片的操作方法，折别肩省与腰省，完成后片，如图 3-40 所示。注意保持胸围松量 2cm，腰围松量 1.5cm。

3. 成型

（1）画袖窿：臂根向下约 2cm 为袖窿深，用铅笔圆顺画出前后袖窿弧线，留出 2cm 缝份，修剪袖窿余料。

（2）装手臂：为操作方便，前面一直未装手臂，但确定袖窿时必须用到，所以需要打开前后片肩颈部的固定针，装好手臂。也可在开始裁剪衣片前就装好手臂，不用时将腕部翻上固定在人台颈部。手臂可以购买，也可以自制，制作方法见本书附录。

（3）折别肩缝及侧缝：折别固定肩缝、侧缝（前压后）。别合时，先横别中点（或中部的明确对位点）与两端，确认各区域对应边长度一致后，等间距别合其他点，如图 3-41 所示。

 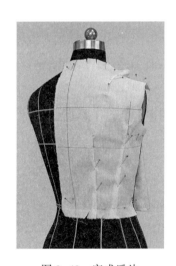 

图 3-39　掐别省缝　　　　　图 3-40　完成后片　　　　　图 3-41　折别肩缝及侧缝

（4）折净领口及下摆：保持领口圆顺，将其缝份向内折进，必要时可以补打剪口；保持腰口线水平，将下摆贴边向内折进。至此，原型衣片的立体裁剪操作基本完成，分别从正面、侧面、后面整体观察，如有不服帖之处及时调整，如图 3-42 所示。

4. 原型衣片的检查

（1）检查内容：

①整体松量：原型衣片半胸围放松量约 4cm，半腰围放松量约 3cm，属合体造型。腰围松量可以将铅笔（直径约 1cm）插入衣片内滑动一圈，以刚好不影响腰部造型为宜；如果空间超过铅笔粗细，说明松量过大，如果空间容纳不了铅笔，说明松量不足；并且松量空间围绕腰部应该相对均匀，否则说明造型不够合理。因此也有一笔松量、

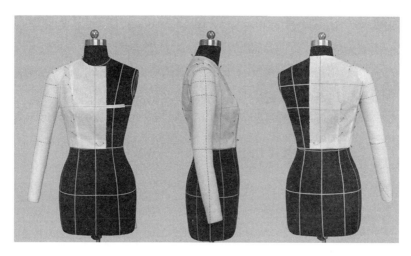

图 3-42　完成原型衣片

一指松量等形象的说法，是指插入笔或手指滑动而不影响造型的松量空间。

②局部松量：细节部位相应地需要适当放松量，如领口（0.3cm）、袖窿底（一指松量）等部位，使造型自然、服帖，且方便活动。

③各部位对合情况：侧缝连接后，袖窿底与腰节线都应该圆顺。肩缝连接后，领口与袖窿都应该圆顺。

④线条顺直：分割线、省缝线条顺畅，无拉斜或扭曲现象。

⑤纱向正确：前、后中线与胸、背宽处均保持经纱向，衣片自然垂下。

（2）调整方法：

①松量小：表现为局部有抽皱现象，整个衣片紧绷于人台上或侧缝被牵制离开人台侧缝标记线。在不影响纱向的条件下由前后中线、胸背宽线适当让出少量松量作为整体放松量。局部松量可让出少量缝份弥补。如果松量缺少较多，则应该重新进行立体裁剪。

②松量大：表现为整体松垮，肩部虚浮，胸、领口、袖窿等处出现余褶。在不影响纱向的条件下，由前后中线、胸背宽线处去掉少量松量，使整体合身。局部松量可以少量加大缝份解决。如果松量过大，则应该重新进行立体裁剪。

（3）确认袖窿弧线：测量前后袖窿弧线长，为制作原型袖做准备，袖窿弧线总长度应该与半胸围（净体）接近，差值过大需要通过调整袖窿弧度修正（借助平面裁剪基础）。

（4）确认腰围线：需要将省缝、侧缝别合后，腰部放平，如果腰围线不顺，进行局部修正。打开省缝后会发现平面状态下腰围线并不顺，所以一定注意平面与立体的差异，培养画线的感觉（以立体状态为准）。

5. 做标记

确认衣片满意后，在衣片轮廓线及省位用红（蓝）色铅笔做标记，注意各部位定位点标记一定不能遗漏。

6. 拷贝

（1）拆解衣片：从人台上取下衣片，拆掉全部大头针，使衣片放平（可以烫平，但一定注意不能变形）。

（2）描线：按标记将所需轮廓线、省边线及记号描出。强调必须做出袖窿对位标记，后袖窿对位点距离侧缝点 8cm，前袖窿对位点距离侧缝点 6cm，如图 3-43 所示。

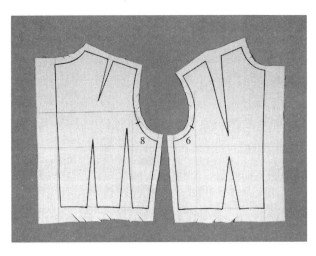

图 3-43　衣片平面图

（3）检查：将前、后衣片沿净线对合肩缝，检查袖窿弧线与领口弧线是否圆顺；别合腰省及侧缝，检查袖窿弧线、腰围线是否圆顺，如图 3-44、图 3-45 所示。

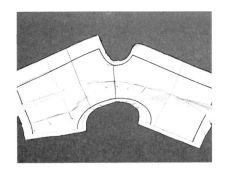

图 3-44　检查领口与袖窿弧线

图 3-45　检查袖窿弧线与腰围线

（4）拷贝：

①后片：在样板纸上做出水平、竖直线，与后衣片两线（肩胛线、后中线）比齐、固定。用描线器和复写纸拷贝后衣片结构线及标记。

②前片：在样板纸上顺前片胸围线作水平线，沿水平线根据前衣片胸围确定前中线位置，作竖直线，并与前衣片胸围线、前中线比齐，固定。拷贝前衣片结构线与标记。

　　绘出平面图并检查，线条不顺的部位略作修正，对位标记与定位标记必须齐全，做好纱向符号。

7. 整体确认

　　按照修正的轮廓，将前、后衣片省缝别合，肩缝与侧缝别合后，穿在人台上整体确认。

课后练习

　　独立完成原型裙片、原型衣片的立体裁剪，拷贝纸样留存。

专业知识及专业技能

本章内容： 1. 衣身的造型设计
2. 收省式衣身的立体裁剪
3. 分片式衣身的立体裁剪
4. 叠裥式衣身的立体裁剪
5. 出褶式衣身的立体裁剪

教学时间： 8 课时

教学提示： 衣片款式变化多样，造型方法也有很多种，省道、褶皱、褶裥、分割线这四种服装塑型可以单独使用，也可以组合应用，这些方法运用得好能够达到推陈出新的效果。立体裁剪以它特有的直观性和创意性，为服装提供了一个创新造型的平台。

教学要求： 1. 掌握省道在衣身设计中的实现方法。
2. 掌握分割线在衣身设计中的实现方法。
3. 掌握裥在衣身设计中的实现方法。
4. 掌握褶在衣身设计中的实现方法。
5. 能够灵活使用四种方法完成衣身设计。

第四章　衣身的造型设计与立体裁剪

第一节　衣身的造型设计

衣身是服装中的主体，衣身立体造型也是决定服装风格或体现设计主题的主要部分。衣身一般分为前片与后片，本节主要针对前衣身的设计进行阐述，后衣身设计基本同理，在设计衣身时需要考虑整体结构。

一、衣身外部廓型设计

衣身部分的基本廓型可分为6种：H型、A型、V型、合体型、X型、O型，如图4-1所示。这六种廓型作为基本型，再加上内部结构设计以及装饰细节的变化就可以形成丰富的衣身造型。

| H型 | A型 | V型 | 合体型 | X型 | O型 |

图 4-1　衣身廓型分类

二、衣身轮廓设计

廓型确定之后，要进一步设计衣身轮廓，基本可以按照胸围水平将衣身轮廓分成上、下两部分，以下分别讨论胸上衣身轮廓和胸下衣身轮廓。

（一）胸上衣身轮廓

胸上衣身轮廓基本分为四类：全身式、吊带式、抹胸式、单肩式。如图4-2所示，这四种为常见造型，每一类中具体轮廓曲线可以变化，外观丰富多样。

（二）胸下衣身轮廓

胸下衣身轮廓决定了服装的长度，所以可以按衣长将其分为五类，分别为：截腰款、及腰款、短款、中长款、长款。每一类的下摆轮廓除了水平造型外，都可以加入丰富的变化，使服装整体更具有设计感，如图4-3所示。

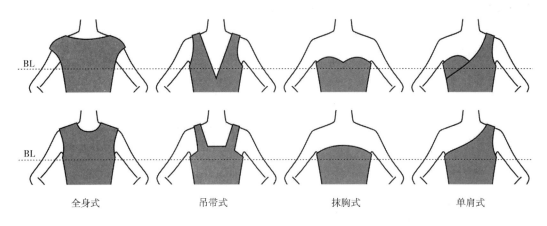

图 4-2　胸上衣身轮廓分类

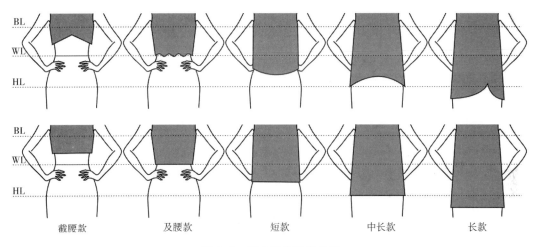

图 4-3　胸下衣身轮廓分类

三、衣身内部结构设计

相同的服装轮廓，可以通过不同的内部结构实现，衣身内部结构设计不仅仅是服装廓型实现的方法与手段，一定程度上也影响了服装的美观性。衣身内部结构设计的方法有：省道、分割线、裥、褶，有时这几种方法也可以结合使用，更具有装饰性。

（一）衣身省道设计

前衣身的省道设计主要是对实现胸腰差的省量进行设计，这部分省量在原型中为了保持胸围线的纬纱向，分成了胸省及腰省两部分。为了实现相同的贴体效果，这部分省道的总大小（角度）是固定不变的，指向（指向胸点）也是不变的，但是为了满足不同的设计需求，省道另外的参数是可以进行改变的，即数量、位置、形状可以改变，因此可形成不同的内部结构。

另外，在采用立体裁剪方法进行省道设计时，首先需要考虑所设计的衣身内部省道线是否左右对称，如果是对称的省道设计，只需要采用单侧的坯布来完成，如图4-4所示。如果是不对称的省道设计，则需要采用能够覆盖整个衣身区域的坯布来完成。常见的不对称省道有平行省、交叉省、集中省，如图4-5所示。

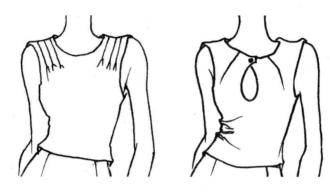

图4-4　对称省道设计

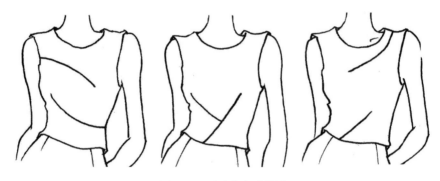

图4-5　不对称省道设计

（二）衣身分割线设计

按照分割线形态，可以将分割方法分为纵向分割、横向分割、斜向分割、曲线分割、折线分割等；按照分割线的作用，可以分为功能性分割线和装饰性分割线，功能性分割线通过省尖区域，具有转移省道的功能，因此在通过分割线实现合体造型时是必备的。如图4-6所示，为应用分割线的衣身设计。

（三）衣身叠裥设计

叠裥相较于省道与分割线，更加立体，造型也多变，可以是规则的顺裥，也可以是暗裥或明裥。在衣身中应用时的位置多变，造型也可以是集中或交叉，是衣身设计的常用方法，如图4-7所示。

（四）衣身缩褶设计

缩褶的造型是四种塑型方法中最随意的，因为形态稳定性较差，适合表现活泼动感的服装造型。抽缩褶、垂荡褶、波浪褶、束缚褶在衣身内部结构中都比较普遍，如图4-8所示。

图 4-6　衣身分割线设计

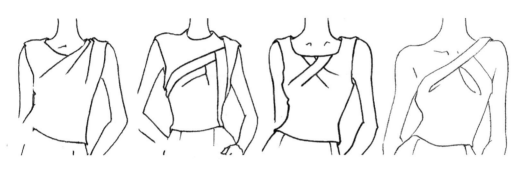

图 4-7　衣身叠裥设计

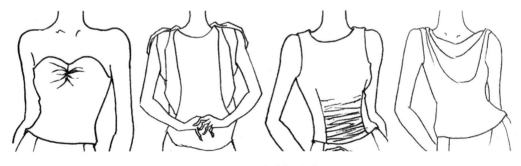

图 4-8　衣身缩褶设计

（五）衣身综合设计

在服装设计时，有时不只用到一种塑型方法，而是将几种方法结合起来使用，能表现更丰富的外观。在使用时，也要注意内部结构风格的统一性，以及与领型、袖型是否搭配，如图 4-9 所示。

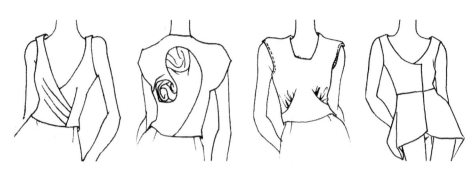

图 4-9　衣身综合设计

第二节　收省式衣身的立体裁剪

省道适用于合体型衣身的设计，本节以平行省道、交叉省道为例，说明收省衣身的立体裁剪过程。

一、平行省道衣身

（一）款式说明

省道在前中线左右两侧呈不对称分布，左侧省量收在右侧腰部，右侧省量收在左侧肩部，如图 4-10 所示。

（二）材料准备

准备大小合适的坯布，将撕好的布料烫平、整方，分别画出经、纬纱向线，具体要求如图 4-11 所示。

图 4-10　平行省道衣身款式图

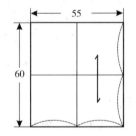

图 4-11　平行省道衣身备料图

（三）操作过程及要求

（1）固定前中线及右侧缝：取备料，保持经纬向线分别与前中线、胸围线一致，固定前中上、下点（固定点可以在前中标记带任一侧，上、下点一致）；将余量推至上部，公主线右侧腰围线以下打剪口，理顺腰部，腰围、胸围处均保留 1.5cm 松量，捋顺并固定侧缝上、下点。注意前中线与公主线间的腰部暂时不打剪口，如图 4-12 所示。

（2）固定右侧余量：袖窿保留 1cm 松量，捋顺肩部，将余量推至右领窝，固定肩端点、颈肩点；修剪侧缝、袖窿与肩线；取下前中固定针的右针，将余量推至前中线，保留右领口松量 0.3cm，原位置重新固定右针（于两针之间固定右片余量）；修剪右侧领口，注意少剪多修，避免剪缺，如图 4-13 所示。

图 4-12　固定前中线及右侧缝　　　　图 4-13　固定右侧余量

（3）固定左侧余量：与右侧相反，左侧由上向下操作。将胸部余量轻推至腰部，捋顺胸部及肩部，固定颈肩点与肩端点；袖窿保留 1 cm 松量，胸围保留 1.5cm 松量，捋顺并固定侧缝；修剪侧缝、袖窿处余料（不修剪肩线）；腰围留 1.5cm 松量临时固定，取下前中下点左侧固定针，将余量集中于前中下点，原位置重新固定左针（于两针之间固定左片余量），如图 4-14 所示。

（4）别左侧胸省：将下点右侧固定针取下，左侧余量推至右侧公主线后原位重新固定；保留腰围 1.5cm 松量，将余量在公主线位向上折进，理顺省边后折别固定，修剪腰部余料，打剪口，如图 4-15 所示。

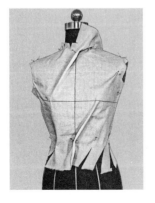 

图 4-14　固定左侧余量　　　　　　图 4-15　别左侧胸省

（5）别右侧胸省：将上点左侧固定针取下，余量推至左领口后原位重新固定；取下左颈肩点固定针，留出领口 0.3cm 松量，所剩余量推至左肩公主线后重新固定，修剪领口并打剪口；将余量在公主线位向上折进，理顺省边后折别固定，修剪肩部余料，如图 4-16 所示。

（6）完成衣片：做轮廓线及省位标记，折净领口、袖窿及下摆，完成衣片整体造型，如图 4-17 所示。注意袖窿需要间距 2cm 打剪口。

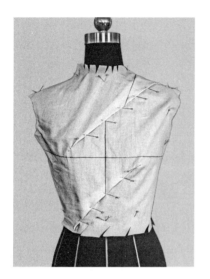

图 4-16　别右侧胸省

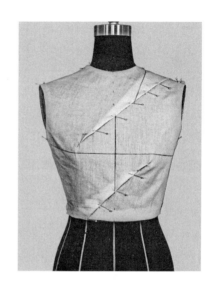

图 4-17　完成衣片

（7）裁片：取下衣片，进行平面修正，得到的裁片如图 4-18 所示。确认后拷贝纸样备用。

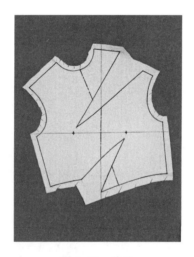

图 4-18　裁片

二、交叉省道衣身

（一）款式说明

左、右腰省在胸围线下呈"y"字形交叉于前中线，如图 4-19 所示。

（二）材料准备

准备大小合适的坯布，将撕好的布料烫平、整方，分别画出经、纬纱向线，具体要求如图 4-20 所示。

图 4-19　交叉省道衣身款式图

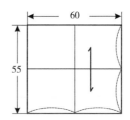

图 4-20　交叉省道衣身备料图

（三）操作过程及要求

（1）固定：取备料，V 字形双针固定前中线上、下点以及两侧胸点，胸点与前中线间应保留 0.5cm 松量，从上口沿前中线的经向线剪开至颈围线上 1.5cm 处，如图 4-21 所示。

（2）修剪：于领口处适量打剪口，使颈部面料平服并保留 0.3cm 松量，保持胸上部平服并向肩端点方向推平面料，固定肩端点，修剪肩缝；袖窿及胸围线上保留 1cm 松量并固定于腋下，修剪袖窿，在侧缝处向下推平面料，固定侧缝下点，修剪侧缝，余量全部转移至腰围线上，如图 4-22 所示。塑造右侧造型时，尤其在松量控制上要注意对称。

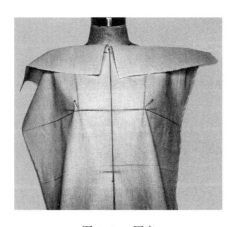

图 4-21　固定

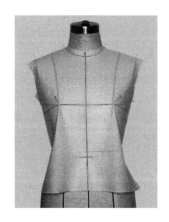

图 4-22　修剪

（3）定左侧腰省：拔掉固定前中线下点的针，将人台左侧腰部余量从侧缝开始从左至右推移，不平服的地方要打剪口，注意剪口方向为45°斜纱向，剪口深度为距离腰节线1cm，数量不宜太多，要保留腰部1cm松量。照此方法将余量全部推至右侧公主线处，将余量竖起并在左右无间隔固定，标记竖起余量的两侧与前中线的交叉点位置，如图4-23所示。

（4）剪开：沿余量的中折线剪开至超过前中线3cm处，如图4-24所示。

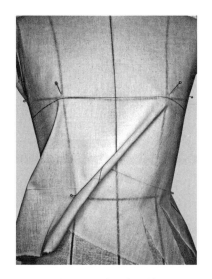 

图4-23　定左侧腰省　　　　　　　　　　　图4-24　剪开

（5）定右侧腰省：拆掉人台固定左侧余量的针，将右侧余量按照对称的斜度向人台左侧固定，与第（2）步骤同理，将余量在腰部进行推移的同时打剪口使腰部平服，将余量推移至前中线上有标记处，上下无间隔固定后标记点的位置，如图4-25所示。

（6）做右侧省：通过标记点将右侧余量以省道形式固定，省中线折向下，省尖点离开胸点1.5cm，如图4-26所示。

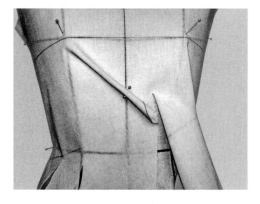 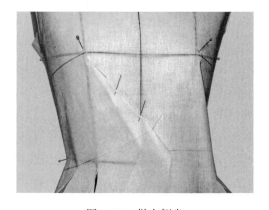

图4-25　定右侧省道　　　　　　　　　　　图4-26　做右侧省

（7）做左侧省：按照标记点将左侧余量按省道形式固定，省尖点同样离开胸点1.5cm，使左、右两个省道呈"y"字形相交于前中线上，修剪腰部多余面料，如图4-27所示。

（8）整体造型：折净腰围线后观察整体造型，满意后做轮廓线及省道位置的标记，如图4-28所示。

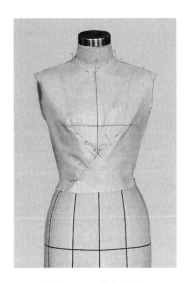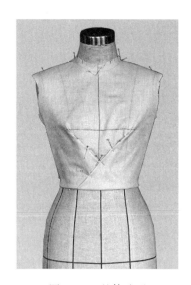

图4-27　做左侧省　　　　　　　　　　图4-28　整体造型

（9）裁片修正：从人台上取下衣片，进行平面修正，得到的裁片如图4-29所示。确认后拷贝纸样备用。

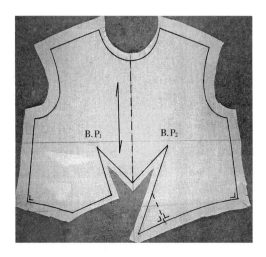

图4-29　裁片

第三节　分片式衣身的立体裁剪

　　分割线用于合体型衣身的设计，为结构性分割；分割线用于平面型衣身的设计，则为装饰性分割。本节分别以合体型衣身的纵向分割、多向分割为例，说明分片式衣身的立体裁剪过程。

一、纵向分割衣身

（一）款式说明

　　公主线分割是典型的纵向分割线，通称的公主线是在衣身的前、后片上，由肩缝中点经过胸点（肩胛点）到腰围线（下摆）位置的弧线分割形式，即人台前、后的公主线标记带位置，如图4-30所示。

（二）材料准备

　　准备大小合适的坯布，将撕好的布料烫平、整方，分别画出经、纬纱向线，具体要求如图4-31所示。

图4-30　公主线分割衣身款式图

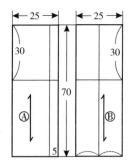

图4-31　公主线分割衣身备料图

（三）操作过程及要求（以前公主线为例）

　　（1）固定前片：如图4-32所示，取备料Ⓐ，经、纬向线分别对齐前中线与胸围线，固定前中线的上点、下点及胸点。

　　（2）修剪前片：修剪领口并打剪口，使颈部及肩部合体，固定颈肩点，在胸围、腰围及臀围线上留出1cm松量，固定公主线上点、胸点、下点；留2cm缝份，按照公主线修剪前片，并在胸围线及腰围线处打剪口，如图4-33所示。

图 4-32　固定前片

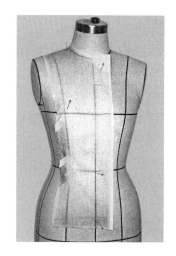
图 4-33　修剪前片

（3）固定侧片：取备料Ⓑ，经、纬向线分别对齐胸宽线、胸围线，固定公主线一侧的上点、胸点、下点，如图 4-34 所示。

（4）修剪余料：袖窿处保留适当松量1cm，固定肩端点；胸围、腰围及臀围线上分别留出 1cm 松量，固定侧缝的上、下点，留 2 cm 缝份，依照公主线及侧缝线修剪多余面料。同样在胸围线及腰围线处打剪口，如图 4-35 所示。

图 4-34　固定侧片

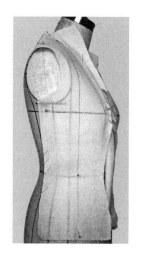
图 4-35　修剪余料

（5）掐别公主线：前中片与侧片沿公主线掐别，注意观察各部位松量，如图 4-36 所示。

（6）折别公主线：整体效果满意后，折别公主线，缝份倒向前中片，如图 4-37 所示。

图 4-36 掐别公主线

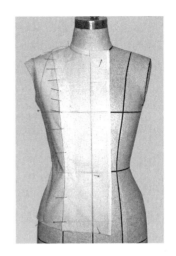
图 4-37 折别公主线

（7）完成衣片：做轮廓线及腰部对位点标记，折净下摆，完成前片公主线分割的设计，如图 4-38 所示。

（8）裁片：从人台上取下衣片，进行平面修正，得到的裁片如图 4-39 所示。确认后拷贝纸样备用。

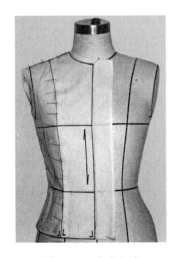
图 4-38 完成衣片

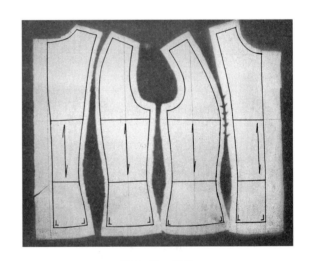
图 4-39 裁片

二、曲线分割衣身

（一）款式说明

此款衣身合体，无领无袖，腰部横向打断，衣身有对称的曲线分割，并延伸至下摆处，分割线上有装饰条夹入，该装饰条在下摆分割线上有叠裥、在曲线处呈立体状态，如图 4-40 所示。

（二）材料准备

（1）人台准备：分析款式图，在领口、曲线分割、腰部分割及底边处粘贴标记带，如图4-41所示，注意把握比例、位置以及线条走向。

 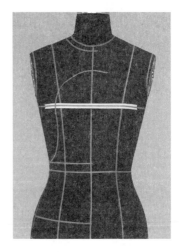

图4-40　曲线分割衣身款式图　　　　图4-41　贴标记带

（2）备料：分析款式，准备大小合适的坯布，将撕好的布料烫平、整方，分别画出经、纬纱向线，具体要求如图4-42所示。

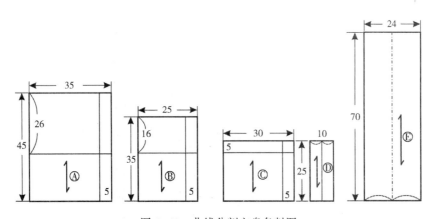

图4-42　曲线分割衣身备料图

（三）操作过程及要求

（1）**固定前上片**：取备料Ⓐ，布面十字对齐前中线及胸围线，固定前中线的上、下点，临时固定侧缝，修剪领口，固定颈肩点，如图4-43所示。

（2）**修剪轮廓**：铺平肩线袖窿，胸围线留1.5cm松量，固定侧缝上点，向下推平，固定侧缝下点，修剪肩线、袖窿、侧缝，如图4-44所示。

（3）**修剪分割线**：按照标记位置修剪曲线分割处余量，注意松量的保留，并于轮廓线及关键点做标记，如图 4-45 所示。

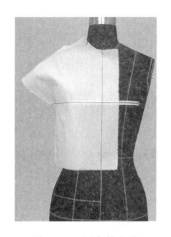

图 4-43　固定前上片　　　　　图 4-44　修剪轮廓　　　　　图 4-45　修剪分割线

（4）固定前中片：取备料Ⓑ，布面十字对齐前中线及胸围线，固定前中线的上、下点，按照标记位置铺平固定四周轮廓位置，胸、腰部保留少量松量，如图 4-46 所示。

（5）修剪前中片：按照标记位置修剪曲线分割处余量，并于轮廓线及关键点做标记，如图 4-47 所示。

（6）固定下摆大片：取备料Ⓒ，布面十字对齐前中线及腰围线，固定前中线的上、下点，如图 4-48 所示。

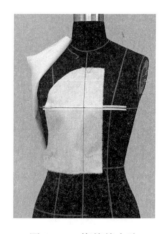

图 4-46　固定前中片　　　　　图 4-47　修剪前中片　　　　　图 4-48　固定下摆大片

（7）打剪口：在下摆大片的腰部打剪口，保留适量松量后铺平，下摆略张开，固定侧面，如图 4-49 所示。

（8）修剪下摆大片：按照标记位置修剪下摆大片，并将轮廓线及关键点做标记，如图 4-50 所示。

（9）连接：按照上压下的方式折别连接前中片与下摆大片，如图 4-51 所示。

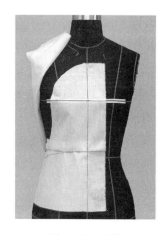

图 4-49　打剪口　　　　　　图 4-50　修剪下摆大片　　　　　图 4-51　连接

（10）固定下摆小片：取备料Ⓓ，该区域取中保持经纱向，固定中线的上、下点，如图 4-52 所示。

（11）修剪：按照标记位置修剪下摆小片，轮廓线及关键点做标记，如图 4-53 所示。

（12）连接：按照上压下的方式折别连接前上片与下摆小片，如图 4-54 所示。

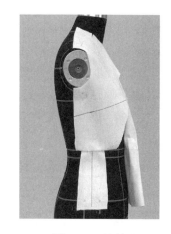

图 4-52　固定　　　　　　　图 4-53　修剪　　　　　　　　图 4-54　连接

（13）装饰条叠裥：取备料Ⓔ，将其对折后固定于前中片与下摆大片的侧面轮廓线处，由下至上，下方与底边处比齐，在下摆大片位置斜向叠裥，叠裥的大小与方向参照效果图而定，固定褶裥，如图 4-55 所示。

（14）固定装饰条：依照前中片的轮廓线及标记位置继续固定上部装饰条至弧形转折处，要确保装饰条与下方衣片平整连接且外露宽度符合效果图要求，如图 4-56 所示。

（15）修剪装饰条：由于过宽的装饰条无法完成转折的效果，所以需要在确定装饰条的宽度后进行修剪，如图4-57所示。

图4-55 装饰条叠裥

图4-56 固定装饰条

图4-57 修剪装饰条

（16）打剪口：由于修剪后的装饰条在连接衣片时会出现紧绷现象，所以需要打若干剪口以保证转折处圆滑，如图4-58所示。

（17）修剪：修剪装饰条前中部分的长度余量，注意保持装饰条垂直于衣片，按照经纱方向修剪，便于此位置在成衣制作时连裁，不可将其压倒修剪，如图4-59所示。

（18）连接完整：将前上片与下摆小片和装饰条位置处连接，在曲线转折处需要打剪口，如图4-60所示。

图4-58 打剪口

图4-59 修剪

图4-60 连接完整

（19）完成造型：折净底边，完成造型。全方位检查效果并做全标记，如图4-61所示。

（20）裁片修正：从人台上取下衣片，进行平面修正，得到的裁片如图4-62所示。确认后拷贝纸样备用。

图 4-61　完成造型

图 4-62　裁片

第四节　叠裥式衣身的立体裁剪

　　叠裥设计在衣身上应用时，一般会多个裥组合应用。本节以腰省位顺向三裥衣片、肩位顺向交叉裥衣片为例，说明叠裥式衣身的立体裁剪过程。

一、单侧腰省位叠裥衣身

（一）款式说明

　　此款衣身合体，呈不对称造型，左侧衣片收腰省，右侧衣片至左省位，均匀叠出三个顺向裥夹入左省位，V 型低领口左右对称，如图 4-63 所示。

（二）材料准备

　　准备大小合适的坯布，将撕好的布料烫平、整方，分别画出经、纬纱向线，具体要求如图 4-64 所示。

图 4-63　单侧腰省位叠裥衣身款式图

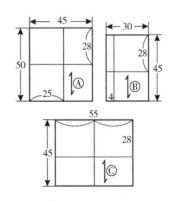

图 4-64　单侧腰省位叠裥衣身备料图

(三) 操作过程及要求

(1) 贴标记带：根据款式图，在人台上贴出领口及袖窿标记线，粘贴标记带时要注意左右对称，线条顺畅，如图 4-65 所示。

(2) 固定左前片：取备料Ⓑ，经、纬向线分别与人台标记线对齐，固定领深点、前中线下点、胸点，胸点与前中线间应保留 0.5cm 松量。

(3) 修剪左前片：在胸上部铺平布料后修剪领口，固定颈肩点与肩端点；修剪肩缝，袖窿保留 1cm 松量，胸围线上胸点至侧缝间保留 1cm 松量，固定腋下点，修剪袖窿。注意沿胸围线共留出约 1.5cm 松量。

(4) 集中省量：此时可以观察到布料上的胸围辅助线向下偏移，说明胸上部由于胸凸引起的余量已经转移至腰部，在侧缝处向下平铺布料，固定侧缝下点。全部省量集中在腰围线处，如图 4-66 所示。

(5) 确定省量及省位：省位定在公主线处，从侧缝处开始将腰部余量推至前中处，同时打剪口保持布面平服，在公主线处用双针固定，在腰围线上公主线与侧缝间留出约 0.5cm 松量，如图 4-67 所示。

  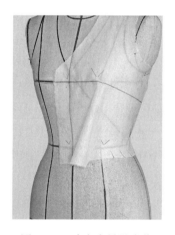

图 4-65　贴标记带　　　　　图 4-66　集中省量　　　　　图 4-67　确定省量及省位

(6) 修剪省边：用同样方法从前中向侧面推移余量，公主线与前中线在腰围线处的松量也为 0.5cm，在公主线处固定，从而达到了省道的左右无间隔固定，确定省量后，从省中线剪开至右侧衣片上口线以上 2cm 处，如图 4-68 所示。

(7) 别省：将省中线倒向侧缝，在公主线上用压别法别合省缝，省尖点在胸点下 1.5cm 处，左前片完成，如图 4-69 所示。

(8) 制作右前片：将左前片掀开，制作右前片，操作方法与左前片基本相同。取备料Ⓐ，对齐辅助线固定衣片，将胸上部余量转移到腰部，从右侧缝线向前中处推平布料，同时打剪口保持布料平服；拔掉固定前中线下点的针，在腰部保留 1cm 松量后重新固定前中线下点，这样余量将集中在前中线处；继续在腰部推平布料至左侧公主线处，保留 0.5cm 松量后固定；在右侧领口处铺平布料，在左侧公主线上固定领口止点，如图4-70所示。余量集中在左侧公主线上，粗略修剪各处余料。

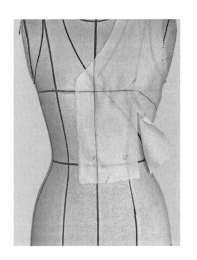

图4-68　修剪省边

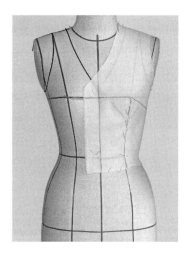

图4-69　别省

（9）均分余量：将余量平均分成三份，分别向上折叠，在公主线处压别固定各裥，注意间距要尽量均匀，如图4-71所示。

图4-70　制作右前片

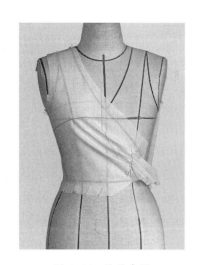

图4-71　均分余量

（10）修剪：叠裥固定好后，再次检查各部位，领口不能有浮起，袖窿及腰部松量要保留，检查完成后保留2cm缝份，再次修剪右前片余料，如图4-72所示。

（11）固定腰省：重新固定左前片，打开左侧省缝，将右前片各裥夹入左前片省缝中再次固定，如图4-73所示。

（12）完成后片：后片的制作方法与原型后片相同，取备料ⓒ，按照标记线将袖窿及领口修剪后即可，如图4-74所示。

图 4-72 修剪

图 4-73 固定腰省

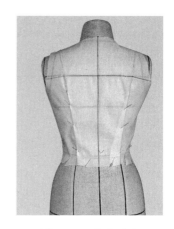

图 4-74 完成后片

（13）完成造型：前压后别合肩缝、侧缝，折回下摆及领口贴边，完成造型。全方位检查效果并做全标记，如图 4-75~图 4-77 所示。

图 4-75 正视图

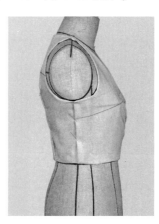

图 4-76 侧视图

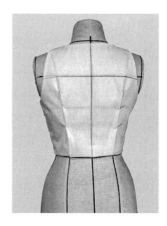

图 4-77 后视图

（14）裁片修正：从人台上取下衣片，进行平面修正，得到的裁片如图 4-78 所示。确认后拷贝纸样备用。

二、肩位交叉裥衣身

（一）款式说明

该款上衣基本合体，基础圆领口，在左侧肩部有左右交叉的三对裥，最下方一对裥指向左、右胸点，其余裥均为贯穿衣身的叠裥，如图 4-79 所示。

（二）材料准备

（1）人台准备：贴标记带，按照款式图在人台肩部用标记带贴出交叉裥位置，如图 4-80 所示。

图 4-78 裁片

（2）备料：分析款式，准备大小合适的坯布，将撕好的布料烫平、整方，分别画出经、纬纱向线，具体要求如图4-81所示。

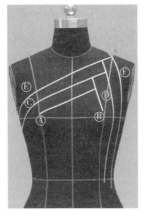
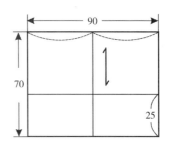

图4-79　肩位交叉袖衣身款式图　　图4-80　贴标记带　　图4-81　肩位交叉裆衣身备料图

（三）操作过程及要求

（1）固定坯布：将布面十字对齐前中线与胸围线并固定前中线及两侧胸点，前中线上点固定在Ⓐ裆与前中线的交点位置，如图4-82所示。

（2）临时固定Ⓐ、Ⓑ裆：腰部打剪口，剪口深度不超过腰围线，将两侧余量全部向上推移，右侧余量作为Ⓐ裆量，左侧余量作为Ⓑ裆量，临时固定Ⓐ裆和Ⓑ裆，如图4-83所示。

（3）Ⓐ裆打剪口：找到Ⓐ裆与Ⓑ裆的内层折叠相交的位置，在Ⓐ裆上打剪口，剪口需剪开整个裆的宽度，如图4-84所示。

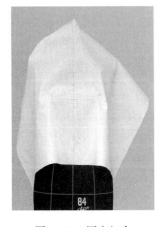

图4-82　固定坯布　　　　图4-83　临时固定Ⓐ、Ⓑ裆　　　图4-84　Ⓐ裆打剪口

（4）Ⓐ裆夹入、Ⓑ裆打剪口：打开Ⓐ裆，顺着剪口上方向竖直方向剪开坯布直到上端，此时Ⓐ裆可以夹入Ⓑ裆中，如图4-85所示。

（5）交叉叠裥：同理，完成Ⓑ裥与Ⓒ裥的交叉，以及后续的交叉裥，直到完成Ⓕ裥，如图4-86~图4-88所示。

图4-85　Ⓐ裥夹入、Ⓑ裥打剪口

图4-86　Ⓑ裥与Ⓒ裥交叉

图4-87　依次进行裥的交叠

图4-88　完成Ⓕ裥

（6）完成衣片：修剪侧缝，折净下摆、袖窿与领口，做轮廓线及各叠裥位标记，完成衣身造型，如图4-89所示。

（7）裁片：从人台上取下衣片，进行平面修正，得到的裁片如图4-90所示。确认后拷贝纸样备用。

图 4-89 完成衣片

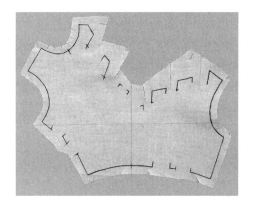

图 4-90 裁片

第五节 出褶式衣身的立体裁剪

褶的形态包括缩聚型、波浪型、垂荡型，各形态的成型方法不同。本节以前中抽褶衣身、波浪衣身、领口荡褶衣身为例，说明应用褶设计衣身的立体裁剪过程。

一、前中抽褶衣身

（一）款式说明

此款衣身合体、露肩，前身胸部中间抽褶，如图 4-91 所示。

（二）材料准备

（1）人台准备：贴标记带，按款式设计在人台上贴好辅助造型的标记带，贴标记带时注意人台两侧要尽量对称，如图 4-92 所示。

（2）备料：分析款式，准备大小合适的坯布，将撕好的布料烫平、整方，分别画出经、纬纱向线，具体要求如图 4-93 所示。

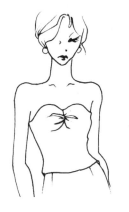

图 4-91 前中抽褶衣身款式图

图 4-92 贴标记带

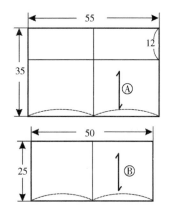

图 4-93 前中抽褶衣身备料图

(三) 操作过程及要求

（1）固定前中线：取备料Ⓐ，腰节线以下留5cm的余量，固定前中线的上、下点。

（2）固定侧缝：将腰部余量从中间向两侧推移，推移的同时打剪口保持腰部布料平服，腰围线上的松量为1cm，胸围线上的松量可以少一点，保持松量的同时固定侧缝上、下点，注意侧缝上、下点之间无余量，如图4-94所示，余量集中在胸部以上。

（3）修剪侧缝：拔掉固定前中线上点的针，将上方余量全部抹至前中处，根据标记线修剪上口处多余面料，保留缝份2cm，如图4-95所示。

（4）剪开叠进：沿前中线剪开至胸围线下3cm，将上口余量叠进后折别固定，如图4-96所示，余量将全部集中在前中线上两胸点之间。

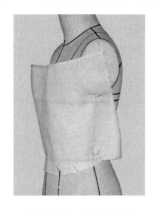  

图4-94　固定侧缝　　　　　　图4-95　修剪　　　　　　图4-96　剪开叠进

（5）抽褶：用手针在前中线上串缝后抽缩前中余量，经整理后在前中线上形成自然的碎褶效果，注意串缝时针距要均匀且不宜太大，否则会影响造型，如图4-97所示。

（6）固定后片及修剪：前片制作完成后在侧缝处做好标记，取备料Ⓑ，对齐纱向线，固定后中线的上、下点，腰节线以下保留7cm余量，由于不通过肩胛突点，所以后片无须做省。在腰部打剪口，从中间向两侧推平布料，腰部保留1cm松量，上口松量不宜过大，而后固定侧缝，修剪四周余量，如图4-98、图4-99所示。

 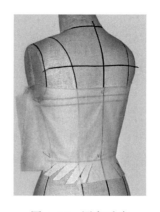 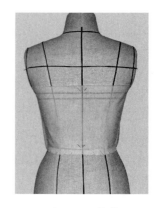

图4-97　抽褶　　　　　　　图4-98　固定后片　　　　　图4-99　修剪

（7）接合前、后片：在侧缝处用压别法接合前、后片，注意在上、下口用针为横向，这样方便折回贴边，将上、下口贴边折净后完成造型。全方位检查效果，如图4-100~图4-102所示。

 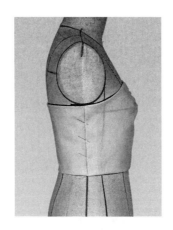 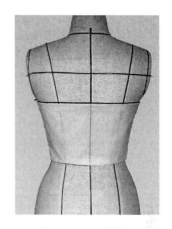

图 4-100　正视图　　　　　　图 4-101　侧视图　　　　　　图 4-102　后视图

（8）裁片修正：从人台上取下衣片，进行平面修正，得到的裁片如图4-103所示。确认后拷贝纸样备用。

图 4-103　裁片

二、斜肩波浪衣身

（一）款式说明

此款衣身A造型，衣长在臀围之上。领口由左肩斜向下至右侧腋下，平下摆、有波浪，如图4-104所示。

（二）材料准备

（1）人台准备：贴标记带，如图 4-105 所示，按照款式图粘贴标记带，标记出领口及袖窿的位置。

（2）备料：准备大小合适的坯布，将撕好的布料烫平、整方，分别画出经、纬纱向线，具体要求如图 4-106 所示。

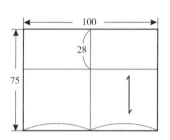

图 4-104　斜肩波浪衣身款式图　　　图 4-105　人台准备　　　图 4-106　斜肩波浪衣身备料图

（三）操作过程及要求

（1）固定衣片：取备料，布面画线分别对齐人台的前中线、胸围线，在领口标记线上方 3cm 处固定前中线上点，如图 4-107 所示。

（2）剪开上口：沿纵向画线剪开上口，剪至前中线固定点，如图 4-108 所示；转向水平方向剪右侧领口约 10cm，在剪开的领口缝份上向右侧胸点打第一个剪口；领口处不留松量，理顺胸部以上布料，胸点下方出现第一个波浪；单针临时固定领口的剪口位置，如图 4-109 所示。

图 4-107　固定前中线　　　　图 4-108　剪开上口　　　　图 4-109　打第一个剪口

（3）做第二个波浪：沿领口向右侧理顺布料，向前腋点附近打第二个剪口；下放侧边布料，前腋点下方出现第二个波浪；调整下放量，使波浪大小与第一个波浪相同；理顺腋下布料，固定侧缝上点，如图 4-110 所示。

（4）修剪：领口留 3cm 缝份、侧缝留 5cm 缝份，修剪余料，如图 4-111 所示。

（5）做左侧领口：沿领口标记留 3cm 缝份，修剪左侧领口位置；在颈侧区域打剪口，使衣片能在肩部铺平，固定左颈肩点、肩端点，如图 4-112 所示。

图 4-110 做第二个波浪

图 4-111 修剪

图 4-112 做左侧领口

（6）修剪袖窿：留 2cm 缝份修剪肩缝以及腋点以上的袖窿，如图 4-113 所示。

（7）做波浪：理顺左胸布料，胸点下方出现左侧第一个波浪；在前腋点处的袖窿缝份上打剪口，下放侧边布料，形成第二个波浪，单针临时固定剪口处；理顺腋下布料，固定左侧缝上点，如图 4-114 所示。

（8）修剪：确认好袖窿造型后修剪袖窿和侧缝余料，如图 4-115 所示。

图 4-113 修剪袖窿

图 4-114 做左侧波浪

图 4-115 修剪

（9）确定下摆：折净领口、袖窿，完成上部造型；在下摆贴标记带，设计下摆造型，如图 4-116 所示。

图 4-116　设计下摆

（10）完成衣身：参考以上方法，完成波浪造型的后衣身。留 4cm 贴边，修剪下摆余料；折进贴边，完成衣身造型，如图 4-117~图 4-119 所示。确认造型满意后，做轮廓线标记。

图 4-117　正视图　　　　图 4-118　右侧视图　　　　图 4-119　左侧视图

（11）裁片：从人台上取下衣片，进行平面修正，得到的裁片如图 4-120 所示。确认后拷贝纸样备用。

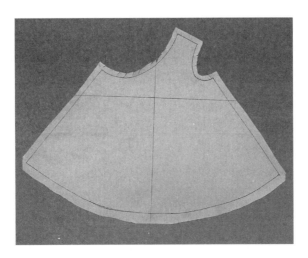

图 4-120 裁片

三、领口荡褶衣身

(一) 款式说明

此款肩部有叠裥，领口出现多个自然垂荡的环形褶纹，如图 4-121 所示。

(二) 材料准备

准备大小合适的坯布，将撕好的布料烫平、整方，如图 4-122 所示，粗裁准备好的布料。

图 4-121 领口荡褶衣身款式图

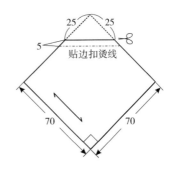

图 4-122 领口荡褶衣身备料图

(三) 操作过程及要求

（1）固定肩部：领口扣烫好后，把布料固定在人台上，布料的对角线对准人台的前中线，并把领口对称的固定在人台肩部。领口处保留适当的松量，使领口处自然下垂并形成第一道环形褶纹，如图 4-123 所示。

（2）肩部叠裥：在肩部叠裥，形成领口处的第二道环形褶纹，注意控制两侧叠裥量要均匀，如图 4-124 所示。与第（1）步骤相同，处理领口处的第三道环形褶纹。可以通过改变肩部的叠裥量来调整领口荡褶的造型，如图 4-125 所示。

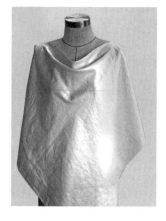
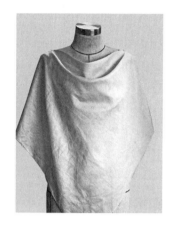

图 4-123　固定肩部　　　　　　图 4-124　肩部叠裥　　　　　　图 4-125　肩部叠裥

（3）扣折底边：由于胸围线上有荡褶的存在，因此可不考虑胸围松量，在侧缝处顺势铺平布料并略做收腰后固定腰围线，在下摆处保留 2cm 松量后固定侧缝下点，对称操作左侧造型后扣折衣服底边，如图 4-126 所示。

（4）修剪：修剪侧缝及袖窿余量，完成所需款式的前片造型，后片设计为整片斜裁式无省衣片，请自行完成，如图 4-127 所示。

（5）裁片：从人台上取下衣片，进行平面修正，得到的裁片如图 4-128 所示。确认后拷贝纸样备用。

图 4-126　扣折底边　　　　　　图 4-127　修剪　　　　　　图 4-128　裁片

（四）拓展设计

　　基于荡领，可以通过修改下摆形状来改变款式，如图4-129所示；也可以通过修改肩部叠裥的数量及大小来改变荡褶的造型，如图4-130、图4-131所示；还可以对荡褶的形态进行细节调整，如图4-132、图4-133所示。

图4-129　改变下摆形状

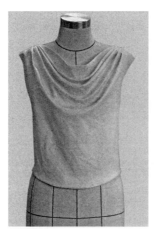

图4-130　改变叠裥数量

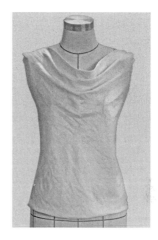

图4-131　肩部无叠裥

图4-132　领口无松量

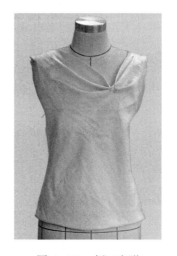

图4-133　领口变形

课后练习

　　参考本章的操作方法，选择图4-134中任一款式，独立完成衣身立体造型设计。

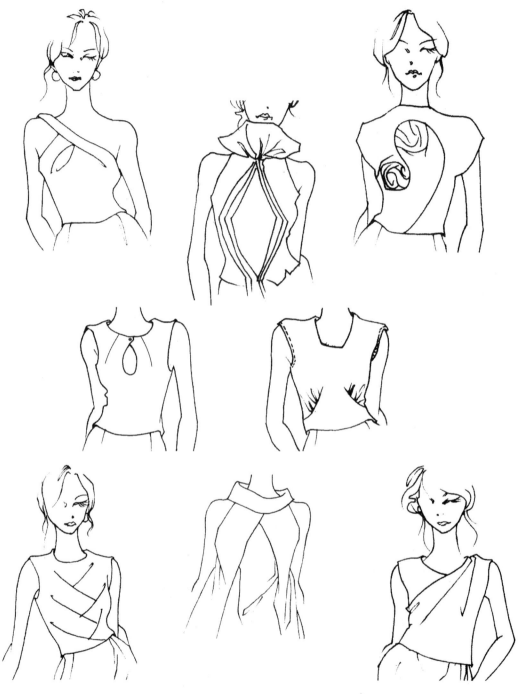

图 4-134　衣身变化款式图

专业知识及专业技能

本章内容：1. 领的造型设计

2. 无领造型的立体裁剪

3. 合体立领与连身立领的立体裁剪

4. 翻领的立体裁剪

5. 花式领的立体裁剪

教学时间：8 课时

教学提示：领子在服装中是一个很关键的设计点，设计领子时，首先确定其领口形状，再设计领型。领型包括无领、立领、翻领等，还有变化丰富的花式领。从领口设计入手，依据各类领型的造型及结构关联性，依次介绍具体的立体裁剪方法，使学生形成一个由浅入深的知识体系。

教学要求：1. 掌握领口设计的操作方法。

2. 掌握立领的操作方法。

3. 掌握翻领的操作方法。

4. 掌握花式领的操作方法。

5. 通过几种领型的平面裁片对比，加深对领子平面结构的理解。

第五章　领的造型设计与立体裁剪

第一节　领的造型设计

　　人在观察对方时，往往会首先注意其面部，而服装的领子最靠近人的面部，自然成为欣赏服装的入眼点，领的造型因此也成为服装中一个关键的设计点。按照造型结构的不同，领一般分为无领、立领、翻领等，但实际上，设计师常常会突破这些常规的形式，创造出一些似是而非的特殊结构，统一称其为花式领。

一、领口设计（无领设计）

　　设计领子时，首先应确定领口形状，领口（无领）造型本身具有丰富变化，这类领型没有单独的衣领裁片，只有领口。所以，领口的造型线设计就显得比较重要。不同的领口线会对脸型的视觉效果产生影响，也会形成不同的美感。领口造型还可以通过一些装饰细节进行加强。

（一）领口设计参数

　　领口设计时需要考虑的参数包括横开领与领深，如图 5-1 所示。横开领的基础量位于颈肩点，前领深的基础量为前颈窝点，如图 5-2 所示。

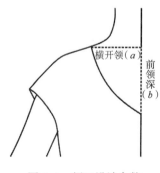

图 5-1　领口设计参数

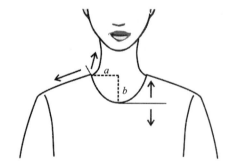

图 5-2　参数基础量及变化

1. 横开领

　　横开领可以从颈肩点向肩端点方向逐渐加大，当领深不变，横开领延伸至接近肩端点时，形成一字领，如图 5-3 所示。横开领还可以继续加大，完成露肩造型，形成露肩领，如图 5-4 所示。横开领的量在有些情况下可以减小，呈现侧领连身的效果，形成连身领，如图 5-5 所示。连身领没有独立的衣领，是将衣身在领部延伸，会有类似领子的造型效果，此时需要在衣片上进行特殊处理。

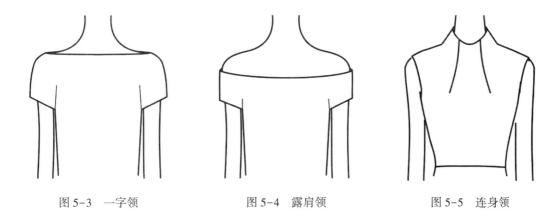

图 5-3　一字领　　　　　　　图 5-4　露肩领　　　　　　　图 5-5　连身领

2. 领深

领深是领口在纵向的深度，在前、后衣片上分别表现为前领深和后领深两个参数。前领深可以在纵向上下调整，向上变化时形成前领连身的效果，需要考虑增加领口围的松量，尤其高过下颌的位置时，要在领口围加入足够松量；当领深向下变化时，需要去掉领口线上的所有松量，使领口线更贴合人体。后领深的调整方式与前领深类似。

3. 领口线

在横开领和领深确定的情况下，领口线的形状可以根据设计要求进行变化。如图5-6 所示，为相同参数下不同的领口造型。

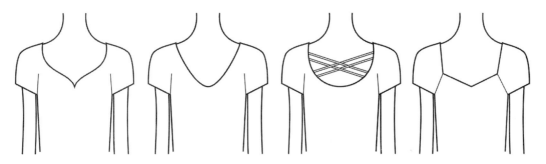

图 5-6　相同参数的领口造型

（二）领口设计原则

1. 实用性原则

服装作为一种日常状态下的艺术，在设计时需要考虑穿着的实用性。如前领深设计需要考虑实际穿着场合及穿着者的习惯，由于人体向前弯曲时，前身长度会缩短，领深方向会产生较大的松量，所以常用的领深设计应该不低于胸围线以下6cm，如果增加其他辅助设计，可以不考虑此原则，如图5-7所示。

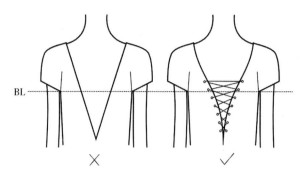

图 5-7　领口实用性设计

2. 功能性原则

在不考虑材料弹性的情况下，领口周长如果不能满足头围，需要设定开口。设计时可以将领口与开口相融合，形成具备功能与美观并存的无领造型，如图 5-8 所示。

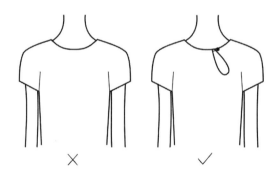

图 5-8　领口功能性设计

3. 稳定性原则

在着装状态下，服装会随着身体的活动而产生一定的变形。设计领口时需要考虑其保型性，如果存在的变形可能影响到外观，则需要增加一些细节处理。

如图 5-9 所示，当左右横开领宽度不对称时，需要衣身及袖身合体，以保证服装整体的穿着稳定性，领口的位置自然稳定；而宽松的衣身、袖身设计会使服装失去明确的人体支撑区域，失去牵制的领口便会随意滑动，所以设计不对称领口时需要多加斟酌。

如图 5-10 所示，在前身设计垂荡型领口时，为保证领口前、后位置的稳定性，后领口深度要减小，不宜开深，更不能前、后领口同时出现垂荡褶皱，否则实际穿着时，宽度松量会自然下落无法稳定，出现领口"挂不住"的现象。如果需要后领加深的效果，可以适当增加辅助设计，设计前、后深 V 领口时同样需要注意此问题。

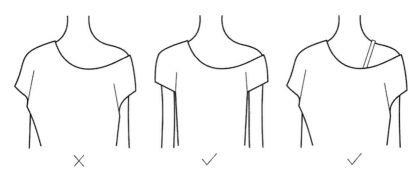

图 5-9　领口稳定性设计-1

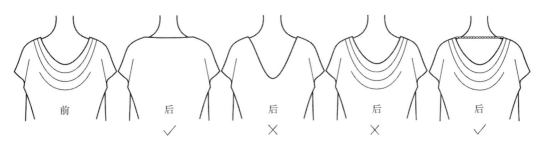

图 5-10　领口稳定性设计-2

二、领子设计

领口设计再加入领片本身的造型变化，使领子设计变化丰富。

（一）立领

立领，指领片竖立环绕颈部的领型，给人以挺拔、严谨的感觉。在造型中，立领竖立的角度可以变化，形成合体立领、前中下落立领、夸张立领等形式；立领的前领角也是设计变化的重点，如圆角、方角、折角等。如图 5-11 所示为常见的几种立领。

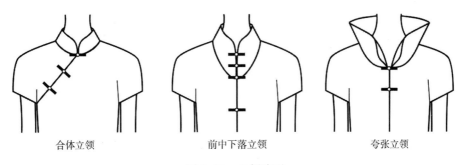

合体立领　　　　　前中下落立领　　　　　夸张立领

图 5-11　立领造型

（二）翻领

翻领，指部分领片竖立环绕颈部、部分领片向外翻折的一种领型，这类领型变化较多，翻折程度可以平坦也可以高耸，领面可大可小、可方可圆，外形设计较为自由。当领片几乎平贴在衣身上时，称为平翻领，简称平领，也称为坦领；当翻领与驳头组合时，称为翻驳领，简称驳领。驳领的领口呈 V 字形，驳头平坦，翻领服帖，给人以庄重、简练、规整的感觉。设计时，虽然整体结构稳定，但是衣领的形态、宽窄、驳头的高低等都可以形成变化。如图 5-12 所示，为翻领的几种表现形式。

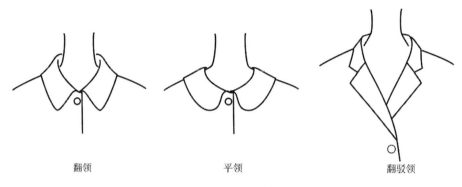

翻领　　　　　　　　平领　　　　　　　　翻驳领

图 5-12　翻领造型

三、领型的变化设计

除上述常规结构的衣领外，设计师们更喜欢塑造一些与众不同的造型，如图 5-13 所示，这类领型富有创意，造型大胆夸张，设计上没有太多限制。常用到的设计手法有以下几种：

1. 变形

如图 5-13（a）所示为对翻领造型进行变形，形成蝶形翻领；图 5-13（b）所示为对立领进行变形，延伸加长，形成飘带领。

2. 夸张

如图 5-13（c）所示为对平领外围曲线加大，形成荷叶领，将覆盖区域加宽，形成披肩领。

3. 叠加

将两个或者多个造型相同或相似的领子进行叠加，形成新的领造型，如图 5-13（c）所示为双层荷叶领，图 5-13（d）所示为双层驳领。

4. 组合

将两种不同的领型进行组合，以强调领部的设计，实现更为丰富的外观，如图 5-13（e）所示为尖角平翻领加多个尖角配领，图 5-13（f）所示为翻领和荷叶领的组合。

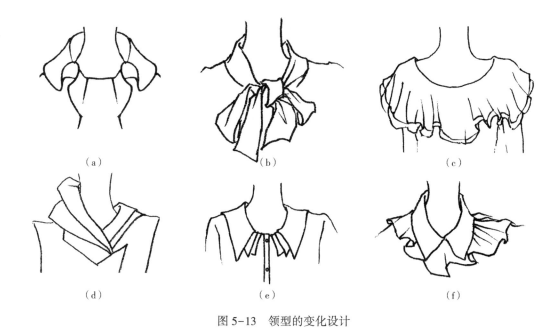

図 5-13　领型的变化设计

第二节　无领造型的立体裁剪

无领造型即为衣身领口的造型，设计以款式要求的视觉效果为主，本节介绍一字领、钻石领的立体裁剪。

一、一字领

（一）款式说明
前后领口呈"一"字型，如图 5-14 所示。

（二）材料准备
（1）人台准备：贴标记带，用标记带贴好前后领口造型线，横开领点在肩端点向内 3cm 处，平缓过渡至原领深点，注意左右要对称，如图 5-15 所示。

（2）备料：分析款式，准备大小合适的坯布，将撕好的布料烫平、整方，分别画出经、纬纱向线，具体要求如图 5-16 所示。

（三）操作过程及要求
（1）固定前片：取备料Ⓐ，经、纬纱线分别与前中线及胸围线对齐，固定前中线上、下点及左、右胸点，如图 5-17 所示。

（2）固定领口：沿前中线剪开至领口上 1cm 处，在领口线及肩部铺平布料，固定肩部的横开领点及肩端点，如图 5-18 所示。

图 5-14　一字领款式图

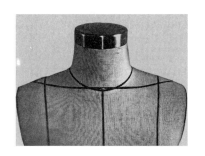

图 5-15　贴标记带

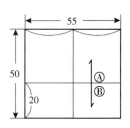

图 5-16　一字领备料图

图 5-17　固定前片

图 5-18　固定领口

（3）省量转移：保留缝份 1.5cm，修剪领口多余布料，衣片袖窿处保持布料平服并留出 1cm 松量，固定侧缝上点，在侧缝处铺平布料，固定侧缝下点，把省量控制在腰部，如图 5-19 所示。

（4）修剪：修剪袖窿及侧缝多余布料，腰节处打剪口，保留腰部两侧各 1.5cm 松量，制作腰省造型，注意左右两侧对称，如图 5-20 所示，修剪腰围线后完成基础一字型领的前片造型。

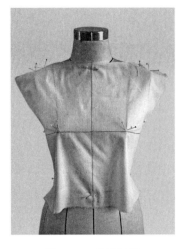

图 5-19　省量转移

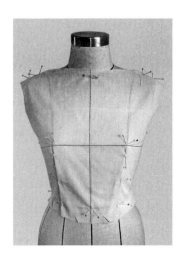

图 5-20　修剪

（5）制作后片：取备料Ⓑ（与备料Ⓐ相同）完成后片，制作方法与前片同，在肩线及侧缝线处连接前后片，如图 5-21 所示。

（6）完成造型：完成整体造型，从正面及背面观察，确认后做好标记线，如图 5-22、图 5-23 所示。

（7）裁片：从人台上取下衣片，修正裁片，如图 5-24 所示。确认后拷贝纸样备用。

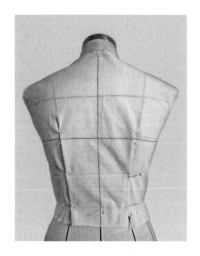

图 5-21　后片

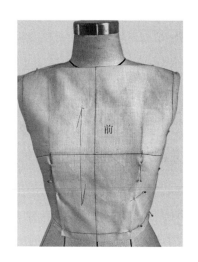

图 5-22　正视图

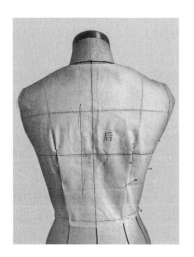

图 5-23　后视图

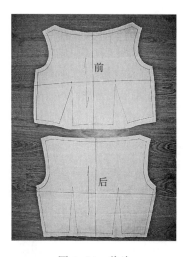

图 5-24　裁片

二、钻石领

（一）款式说明

在领口部位由分割的曲线组合成钻石状领口，如图 5-25 所示。

(二) 材料准备

(1) 人台准备: 贴标记带, 按照款式图, 在人台上用标记带贴好分割线位置及领口形状, 如图 5-26 所示。

(2) 备料: 分析款式, 准备大小合适的坯布, 将撕好的布料烫平、整方, 分别画出经、纬纱向线, 具体要求如图 5-27 所示。

图 5-25 钻石领款式图

图 5-26 贴标记带

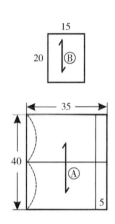

图 5-27 钻石领备料图

(三) 操作过程及要求

(1) 固定: 取备料Ⓐ, 腰围线以下留 5cm 余量, 对齐前中线固定上、下点及胸点, 如图 5-28 所示。

(2) 转移省道: 在袖窿、腰部保留足够松量后 (按基础松量保留), 把大部分省量控制在腋下, 固定侧缝线, 如图 5-29 所示。

(3) 修剪: 修剪袖窿处多余布料, 在腋下以省道形式固定松量, 省尖点距胸点 1.5cm, 修剪侧缝线, 如图 5-30 所示。

图 5-28 固定

图 5-29 转移省道

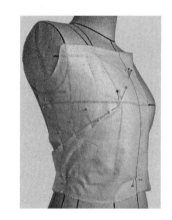

图 5-30 修剪

（4）固定肩部布料：将备料Ⓑ置于人台上，保持布料经纱方向垂直于地面，在肩线处固定，如图5-31所示。

（5）接合两片接缝：修剪后在分割线处将两块布料用折别法接合（上压下），如图5-32所示。

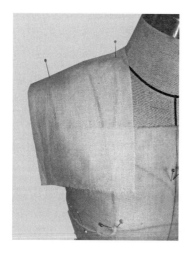 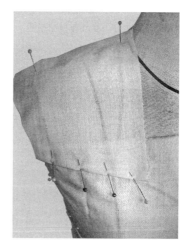

图5-31　固定肩部布料　　　　　　　图5-32　接合两片接缝

（6）修剪领口：保留缝份2cm，修剪袖窿及领口处多余布料，初步确认合适后做好标记线，如图5-33所示。

（7）裁片：做好标记，从人台上取下衣片，进行平面修正，得到的裁片如图5-34所示。确认后拷贝纸样备用。

（8）整体确认：得到裁片后对称制作人台左侧衣身，得到完整的领口形状，如图5-35所示。

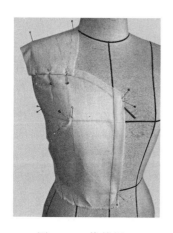 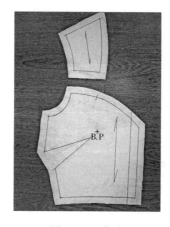 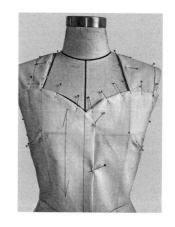

图5-33　修剪领口　　　　　图5-34　裁片　　　　　图5-35　完成图

第三节　合体立领与连身立领的立体裁剪

立领的领片全部直立，环绕颈部，连身立领的衣片向颈部延伸，形成立领造型。本节主要介绍这两种领型的立体裁剪过程。

一、合体立领

（一）款式说明

领口弧线处于颈根位置，领面与颈部之间空隙较小，呈贴合状态，如图5-36所示。

（二）材料准备

（1）人台准备：在人台上制作前、后衣片及基础领口。

（2）备料：分析款式，准备大小合适的坯布，将撕好的布料烫平、整方，分别画出经、纬纱向线，具体要求如图5-37所示。

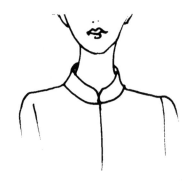

图5-36　合体立领款式图

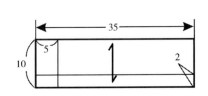

图5-37　合体立领备料图

（三）操作过程及要求

（1）固定后中：将备料置于颈部，把两条辅助线的交点与颈后点（BNP）对齐，在颈后点左下1cm处反向固定（也可双针固定），保持后中经纱向不变、水平辅助线与颈围线对齐，铺平领片，将后领口弧线平均分为三段，在靠近颈后点的1/3处以横针搭别固定，即用横针穿透两层布料，挑起较少布丝后再回到正面，如图5-38所示。

（2）固定后侧：从第一个横针开始在领布边上打剪口，剪口深度不超过水平辅助线。保持布面与颈部贴合，在不出现皱褶的基础上在后领口线2/3处继续以横针固定，注意针要固定在衣片领口线上，针的方向尽量与领口线方向保持一致，如图5-39所示。

（3）固定颈侧：继续在领布边上打剪口，将布面边剪口处拔开，使得领片在颈侧处合体且不出现拉伸现象。横针固定颈肩点，完成后领口的固定。可以看出颈根围线已经向上偏离了水平辅助线，使得装领线出现小部分起翘量，如图5-40所示。

图5-38　固定后中　　　　　　　　图5-39　固定后侧　　　　　　　　图5-40　固定颈侧

（4）别合前领口：顺着后领出现的起翘量走势把前领口别好，如图5-41所示。此时同样需要在布面边上打剪口（不宜太深），横针的方向尽量与领口线一致，针与针之间不能有牵拉或松量，使领部与衣身在弧线处平整结合。

（5）俯视观察：固定颈前点（FNP）后，从人台的正上方观察立领在颈部的松量是否均匀，如图5-42所示。如果出现局部贴合、布面皱褶的现象要对固定点进行调整。

（6）完成造型：在领片上画好需要的领型，留出缝份修剪多余布料，折净缝份后全方位观察整体造型，如图5-43~图5-45所示。

（7）裁片修正：外观确认完毕后做好标记线及对位点，取下领片修正圆顺曲线，得到的裁片如图5-46所示。确认后拷贝纸样备用。

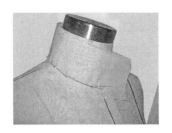

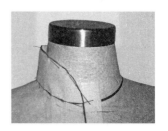

图5-41　别合前领口　　　　　　　图5-42　俯视观察　　　　　　　　图5-43　正视图

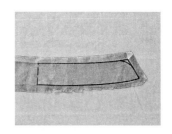

图5-44　侧视图　　　　　　　　　图5-45　后视图　　　　　　　　　图5-46　合体立领裁片

（四）拓展设计

前中下落立领的前领口下落，前领与颈部贴合，其裁片如图5-47所示。操作时，在领下口部位打剪口，使领子与衣身平整别合，如图5-48所示。

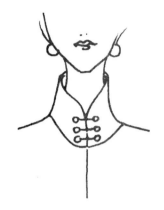 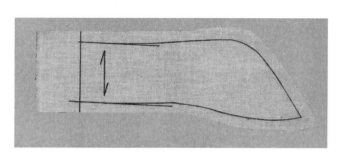

图5-47　前中下落立领裁片

图5-48　前中下落立领的立体裁剪

二、连身立领

（一）款式说明

如图5-49所示，衣身合体，前衣片延伸至颈部，在前区及颈侧位置分别折裥，两裥均指向胸点，衣片在颈部形成领状，前衣片延伸至后片形成后身立领，因此将该领型安排在立领部分讲解。

（二）材料准备

（1）人台准备：在人台上预先准备制作好的衣身后片，后领为基础领口，可用标记带明确位置，如图5-50所示。

（2）备料：分析款式，准备大小合适的坯布，将撕好的布料烫平、整方，分别画出经、纬纱向线，具体要求如图5-51所示。

图 5-49 连身立领款式图

图 5-50 人台准备

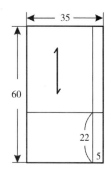

图 5-51 连身立领备料图

（三）操作过程及要求

（1）坯布固定：取前衣片备料，布面十字与前中线及胸围线对齐，固定前中线上、下点，如图 5-52 所示。

（2）推移省量：腰部打剪口，将腰部余量推移至肩部区域。固定侧缝上下点、肩端点，此时余量集中在颈肩处，胸围、腰围处保留适当松量，如图 5-53 所示。

（3）修剪：修剪腰部侧缝、袖窿及部分肩线，如图 5-54 所示。

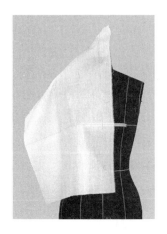

图 5-52 坯布固定

图 5-53 推移省量

图 5-54 修剪

（4）折第一裥：将肩颈处的余量分为两份，根据效果图，在领口靠近前中线约 2cm 处，折第一裥，由于褶裥量来源于胸省量，因此指向胸点，如图 5-55 所示。

（5）修剪领口：从前中线开始，修剪部分领口，如图 5-56 所示。

（6）折第二裥：继续修剪领口至后中，并固定肩部的裥（第二裥），位于颈部侧面，在颈侧处形成一个斜面，类似领面翻出的效果，该裥的来源依然为胸省量，因此指向也同第一裥，与第一裥在胸点附近相交，形成领尖造型，如图 5-57 所示。

图 5-55　折第一裥　　　　　图 5-56　修剪领口　　　　　图 5-57　折第二裥

（7）修剪：修剪剩余的肩线至褶裥深处，在纵向剪至肩线净线处，以便与后片相连，如图 5-58 所示。

（8）别合前后片：前压后折别连接前后片的肩线及侧缝，如图 5-59 所示。

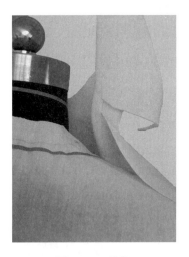

图 5-58　修剪　　　　　　　图 5-59　别合肩线、侧缝

（9）完成造型：修剪后领处余量，别合后领口。领口弧线打剪口，折净并固定。全方位检查造型，确认无误后做轮廓和关键点标记，如图 5-60~图 5-62 所示。

（10）裁片：从人台上取下衣片，进行平面修正，得到的裁片如图 5-63 所示。确认后拷贝纸样备用。

图 5-60 正视图

图 5-61 侧视图

图 5-62 后视图

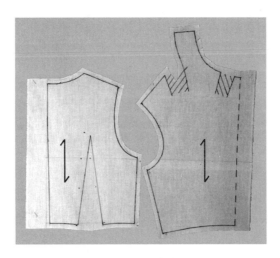
图 5-63 裁片

第四节 翻领的立体裁剪

翻领是常见领型，变化丰富，本节介绍曲线翻折领、平翻领的立体裁剪。

一、曲线翻折领

曲线翻折领的前领翻折线呈曲线，环绕颈部，以无角翻领（香蕉领）为例说明这类翻领的立体裁剪过程。

（一）款式说明

该款翻领环绕颈部，领宽适中；领子在前领口处对合，前中无领角，类似香蕉造型，故称为香蕉领，如图 5-64 所示。

（二）材料准备

（1）人台准备：在人台上提前准备好完整的衣片，贴标记带确定领口弧线，颈后点保持不变，颈肩点（SNP）向肩端点一侧移动 0.5cm，颈前点按照设计款式向下移动，本节示范的领型向下移动 2cm，三个点确定后重新圆顺领口弧线至搭门处，如图 5-65 所示。量取领口弧线长度，作为备料长度的依据。

（2）备料：根据款式，准备坯布，其长度为领口线长度+10cm，宽度为 20cm。将撕好的布料烫平、整方，分别画出经、纬纱向线，具体要求如图 5-66 所示。

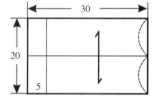

图 5-64　香蕉领款式图　　　　图 5-65　贴标记带　　　　图 5-66　香蕉领备料图

（三）操作过程及要求

（1）别合后领口：取备料，布面上辅助线交点与颈后点对齐固定。在布面水平画线以下 2cm 处水平剪开，剪过后中线 3cm，做好后中线的立体造型后横针固定；领下口打剪口，向上、向前理顺领片，横针别合固定后领口，如图 5-67 所示。注意此时领片别合线开始向下偏离水平画线，这样才能留出领上口的松量，此处的偏离量越大，上口松量也越大。特别提醒：剪口要"浅打多补"，切忌剪过。

（2）别合侧区领口：下口继续打剪口，在颈肩点处略微拔开，使领面平服、顺畅转向前区，与领口别合，如图 5-68 所示。颈肩点处领片别合线比水平画线向下偏离约 2cm，固定颈肩处。

图 5-67　别合后领口　　　　图 5-68　别合侧区领口

（3）别合前领口：领下口打剪口，留出上口余量，保持布面平服，别合前领口，如图5-69所示。注意领片别合线与水平画线的偏离越来越大，才能保证前领上口的松量需求。前领造型如图5-70所示，此时形成宽松立领的造型，上口松量越大，造型越夸张。

图5-69 别合前领口

图5-70 前领造型

（4）翻折修剪：将领片翻下，后中线处纵向画线重合，外口盖过领口至少2cm，单针临时固定，如图5-71所示；侧区、前区的外口打剪口，使领片翻折顺畅、服帖；标记带贴出领外口形状，如图5-72所示；留出1cm缝份，修剪领外口余料，如图5-73所示。

（5）完成造型：折净领片呈香蕉领造型，如图5-74所示。检查翻折线是否圆顺，领面是否平整，效果满意后做轮廓线、绱领对位点标记。

（6）裁片修正：从人台上拆下领片，在平面上圆顺曲线，得到香蕉领平面裁片，如图5-75所示。确认后拷贝纸样备用。

图5-71 翻折后领

图5-72 确定领外口

图5-73 修剪领外口

图5-74 完成造型

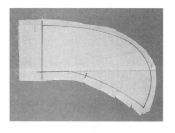

图5-75 香蕉领裁片

（四）拓展设计

燕领属于直线翻折领，其前中线与门襟止口平齐，领片与衣身一起翻折，领角造型呈燕翅状，其平面裁片如5-76所示。立体裁剪操作时，与香蕉领的区别在于别合前领口，需要将领布沿前领口线铺平固定，使前领的翻折线贴近并环绕颈部，前领便可以与领口共同翻折，如图5-77所示。这种领型也称为开关领、两用领。

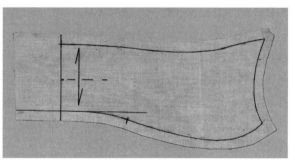

图 5-76 燕领裁片

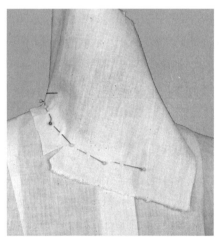

图 5-77 燕领的立体裁剪

二、平翻领

平翻领是几乎没有领座的一类翻领，以海军领为例说明平翻领的立体裁剪过程。

（一）款式说明

海军领平坦的领片覆盖肩部，后领呈方角状，前领由肩部到前中宽度逐渐减小，如图5-78所示。

（二）材料准备

（1）人台准备：在人台上提前准备好前后完整的衣片，贴标记带确定领口弧线，颈后点保持不变，颈肩点向肩端点一侧移动 0.5cm，颈前点按照设计款式向下移动 12cm，三个点确定后重新圆顺领口弧线。

（2）备料：分析款式，准备大小合适的坯布，将撕好的布料烫平、整方，分别画出经、纬纱向线，具体要求如图 5-79 所示。

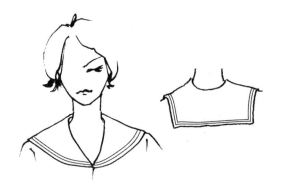
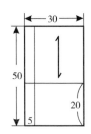

图 5-78　平翻领款式图　　　　　　　　图 5-79　平翻领备料图

（三）操作过程及要求

（1）固定后中：取备料，布料上两条线的交点与颈后点对齐固定，如图 5-80 所示。

（2）别合后领口：如图 5-81 所示，布料上经向线与后中线重合，保持后中直丝，在背部铺平布料固定，沿后领口保留 1.5cm 缝份后修剪装领线，打剪口使后领处平服后在后领口上用横针固定领片与衣片。

图 5-80　固定后中　　　　　　　　　　图 5-81　别合后领口

（3）别合前领口：如图 5-82 所示，从后向前推平领布，在颈侧处打剪口使之在前领口处服帖，固定肩部及前领深点。

（4）修剪：用虚线画出领片造型后修剪，确定领外口轮廓造型，修剪多余面料，如图 5-83 所示。

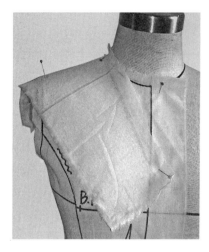
图 5-82　别合前领口

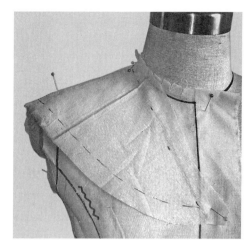
图 5-83　修剪

（5）完成造型：折净装领线及外领口边缘后观察整体造型，如图 5-84 所示。

（6）裁片修正：从人台上取下领片，进行平面修正，得到的裁片如图 5-85 所示。确认后拷贝纸样备用。

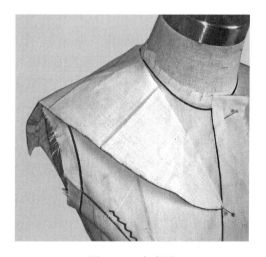
图 5-84　完成图

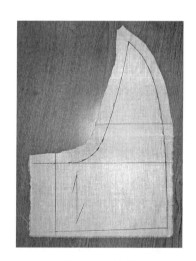
图 5-85　裁片

第五节　花式领的立体裁剪

与常规领型不同，将一些富有创意、造型特别的领型统称为花式领。本节介绍荷叶领、蝶型翻领的立体裁剪过程。

一、荷叶领

（一）款式说明

荷叶领没有领座，领片完全翻出，领外口呈波浪造型，如图5-86所示。

（二）材料准备

（1）人台准备：在人台上提前准备好完整的衣片，贴标记带确定领口弧线，并量取弧线长度，如图5-87所示。

（2）备料：分析款式，准备大小合适的坯布，将撕好的布料烫平、整方，分别画出经、纬纱向线，具体要求如图5-88所示。

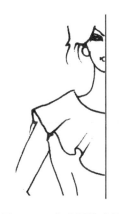

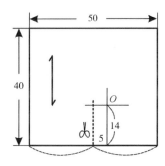

图5-86　荷叶领款式图　　　图5-87　贴标记带　　　图5-88　荷叶领备料图

（三）操作过程及要求

（1）固定后中上点：取备料，如图5-89所示，将 O 点对齐后中线上点，并搭别固定。

（2）横向剪开：在领口线上留1.5cm缝份水平剪开领片，如图5-90所示。

（3）别合后领口：在适当的位置打剪口，旋转出荷叶领需要的波浪量，可适当增加起伏量，注意保留缝份，如图5-91所示，在领口线上搭别固定。

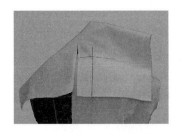

图5-89　固定后中上点　　　图5-90　横向剪开　　　图5-91　别合后领口

（4）修剪颈侧装领线：边修剪领片边整理出外围的起伏量，在需要波浪的位置用打剪口加旋转的方法使领子出现自然的波浪，如图5-92所示。

（5）别合前领口：用类似的方法完成领片直至前中区域，并用标记带贴出领止口形状，如图 5-93 所示。

（6）修剪领止口：如图 5-94 所示，按照标记位置修剪止口形状。

图 5-92　修剪颈侧装领线　　　图 5-93　别合前领口　　　图 5-94　修剪领止口

（7）完成造型：将装领线与领口线折净别合，完成造型，如图 5-95 ～ 图 5-97 所示。

图 5-95　正视图　　　　　　　　　　　图 5-96　侧视图

（8）裁片修正：从人台上取下领片，进行平面修正，得到荷叶领的裁片，如图 5-98所示。确认后拷贝纸样备用。

 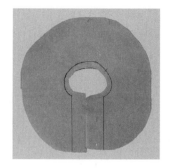

图 5-97　后视图　　　　　　　　　　　图 5-98　裁片

（四）拓展设计

由以上的荷叶领裁片可以看出，其平面形状近似为圆环，立体裁剪时可以提前准备环形布料来完成，操作也更简单。圆环的角度根据领止口处波浪的立体效果而定，可以增加圆环的个数来制作更大波浪的荷叶领，也可以通过在内圆环上增加抽褶或者叠裥量来得到更大的外围尺寸，还可以通过修剪圆环的外围形状来达到不同的造型效果。

如图 5-99、图 5-100 所示，为一款半圆环荷叶领，也可参考以上方法完成。

图 5-99　半圆裁片　　　　　　　　　　图 5-100　半圆荷叶领

二、蝶型翻领

（一）款式说明

该款领型为翻领的变形款式，接近前中部分的领片不在领口处与衣身连接，而是夹入前领口处的省边线中，领子从领口转向省道，在领子外围形成弧形转角，从正面观察时类似蝴蝶造型，如图 5-101 所示。

（二）材料准备

（1）人台准备：在人台上提前准备好完整的衣片，衣身胸省根据款式图设置在领口位置，贴标记带确定领口弧线，如图 5-102 所示。

图 5-101　蝶型翻领款式图　　　　　　　图 5-102　人台准备

（2）备料：分析款式，准备大小合适的坯布，将撕好的布料烫平、整方，分别画出经、纬纱向线，具体要求如图5-103所示。

（三）操作过程及要求

（1）固定后中：取备料，固定颈后点，从水平线靠下2cm处水平剪开，剪过后中垂线3cm，做好后中的立体造型后横针固定，如图5-104所示。

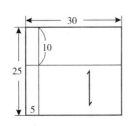

图5-103 蝶型翻领备料图

图5-104 固定后中

（2）别合装领线：与夸张型立领做法相似，从后至前找到装领线并固定，直至前衣片省道位置，如图5-105所示。注意装领线以下的布料不能修剪。

（3）打剪口：在装领线与省道位置相交处斜向打剪口，将制作后领时剪开的余料拉向前中，在领口省位铺平，大致固定于省道处，如图5-106所示。

图5-105 别合装领线

图5-106 打剪口

（4）下翻领子：将领片翻下，后中线与经纱保持一致，根据款式图要求调整固定角度，如图5-107所示。

（5）标记领外止口：用标记带贴出领子外围止口，如图5-108、图5-109所示。

（6）修剪：根据标记修剪领子造型，如图 5-110 所示。

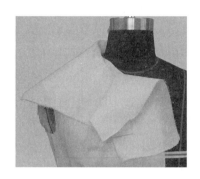

图 5-107　下翻领子

图 5-108　标记领外止口（上段）

图 5-109　标记领外止口（下段）

图 5-110　修剪

（7）完成造型：将下段领外止口的装领线夹入省道。省道倒向前中，领片形成自然外翻的蝶型外观，与款式图进行比对调整，最终完成造型，如图 5-111 所示。

（8）裁片修正：从人台上取下领片，进行平面修正，得到的裁片如图 5-112 所示。确认后拷贝纸样备用。

图 5-111　完成图

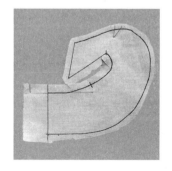

图 5-112　裁片

课后练习

参考本章的操作方法，选择图 5-113 中任一款式，独立完成领子的立体造型设计。

图 5-113　领子款式图

专业知识及专业技能

本章内容： 1. 袖的造型设计

2. 无袖袖窿造型的立体裁剪

3. 圆装袖的立体裁剪

4. 插肩袖的立体裁剪

5. 花式袖的立体裁剪

教学时间： 8 课时

教学提示： 袖子是包覆和装饰肩部及手臂的服装局部，它的造型既要适合人体上肢活动的需要，又要与整体服装协调。因此袖的形状不仅要富有功能性，还要具有装饰性。袖在平面结构中已经有比较成熟的操作理论，但在立体裁剪中，由于大多数人台并没有手臂，使得在操作过程中无形可依，这就要求学生立裁袖子之前，必须要有一定的平面袖型的基础，尤其在做一些款式较复杂的袖子时，通过平面与立体相结合的方式，会使得立体操作更加简便且精确。袖的主要设计点为袖窿、袖山、袖身和袖口的变化。

教学要求： 1. 掌握袖窿变化的操作方法。

2. 掌握圆装袖的操作方法。

3. 了解插肩袖的制作方法。

4. 了解几种花式袖的制作方法。

5. 通过袖的立体造型变化理解袖的平面结构变化。

第六章 袖的造型设计与立体裁剪

第一节 袖的造型设计

衣袖是自肩部而下包裹手臂的服装部件，由袖山、袖身和袖口三部分组成，这三部分的变化和组合，使得袖的造型变化丰富。由于手臂的活动范围较大，袖的造型设计还必须符合人体运动的需要。同时，袖与衣身紧密相连，衣袖与衣身整体的造型也要协调一致。

一、袖长设计

袖长变化是袖子设计中表现最直观的。如图 6-1 所示，最短从无袖开始，到超过手臂长度的超长袖，可以根据实际穿着时间和场合进行设计。

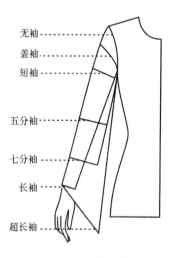

图 6-1 袖长设计

二、袖结构设计

按照不同结构，袖子可分为无袖、圆装袖、连身袖、插肩袖。

如图 6-2 所示，无袖也就是没有独立的袖片，只有袖窿，一般是与衣身的设计融合在一起。圆装袖是指袖子单独剪裁后，组装在衣身上，故称装袖。连身袖与衣身连成一片，衣袖宽大舒适，肩头造型圆滑柔和，腋下容易显现褶皱，这类袖子剪裁简单，大多是平面结构。插肩袖是介于装袖和连身袖之间的一种结构，袖子与衣身的连接位置不是在臂根部位，袖片向上延伸，覆盖了全部或者部分肩部。

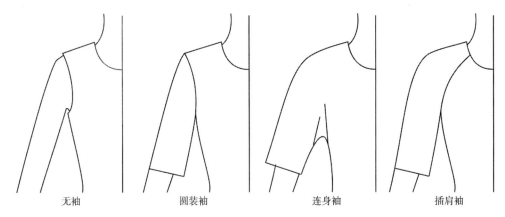

无袖	圆装袖	连身袖	插肩袖

图 6-2　袖结构设计

三、身袖连接线设计

（一）无袖袖窿设计

对于圆装袖来讲，身袖连接处即为袖窿，袖窿造型的设计是圆装袖设计的基础，同时也可以无袖造型独立成为服装中的设计点，称之为无袖结构。如图 6-3 所示，袖窿造型的变化可以通过改变肩端点位置、袖窿深点以及袖窿曲线形状来实现，图中的四款均可单独成为无袖造型，也可作为圆装袖的袖窿。

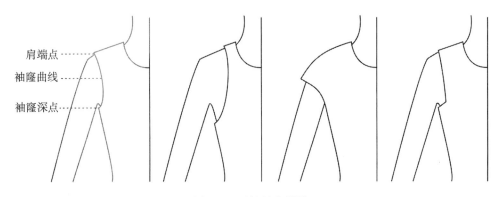

图 6-3　无袖袖窿设计

（二）插肩分割线设计

在插肩袖中，身袖连接的位置、角度、形状均可变化，如图 6-4 所示。

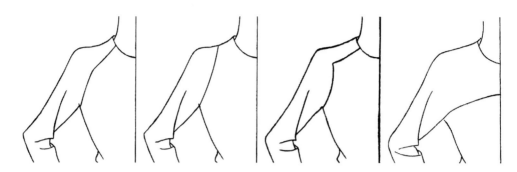

图 6-4　插肩分割线设计

四、袖山弧线设计

袖山弧线作为袖与衣身的连接线，袖山弧线的变化在袖子设计中很关键。衣身袖窿曲线长度为确定值，确定袖山高或袖肥后，袖山弧线基本确定，但有时为了实现特殊造型，会通过一些方法加长袖山弧线，装袖时再通过一些方法收缩至与袖窿相等长度，从而使袖与衣身连接时呈现多种多样的外观。如图 6-5 所示的袖山弧线变化，可以实现如图 6-6 所示的袖型变化。

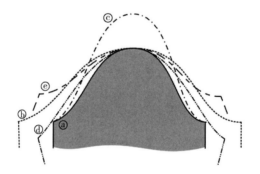

图 6-5　袖山弧线设计

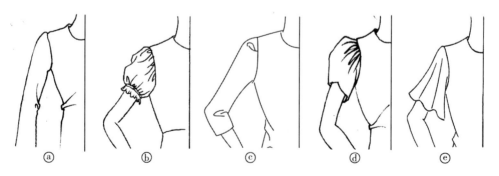

图 6-6　对应的袖型变化

五、袖身设计

袖身的变化可以通过分片、收省、叠裥以及缩褶等方式，还可以改变袖身的成型方法。在图6-7中，（a）款为两片袖，通过纵向分割可以很好地实现袖肘的转折，使袖子更为立体；（b）款在前袖缝加入两个裥，在袖身上出现两条平行的波纹，体现了柔美的风格；（c）款是袖中线处出现交叉叠裥的插肩袖，裥的数量多、折叠量大，使得袖子更夸张，自然具有吸引力；（d）款为较短的插肩袖，在身袖连接线上叠裥，指向肩端点，可以在肩头形成较明显的转折，改善插肩袖肩头圆润的外观，增加服装的动感；（e）款袖身不再是成筒的结构，而是在上臂外围相互交叠，再加上抽缩的袖山，弧形的袖口，使袖子呈现一种花瓣的外观，故称其为花瓣袖。

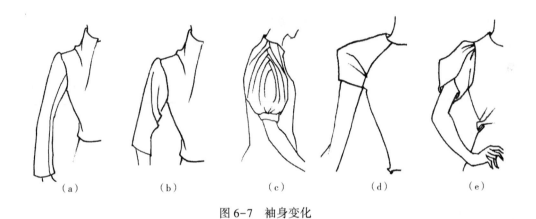

|（a）|（b）|（c）|（d）|（e）|

图6-7　袖身变化

除了袖窿、袖山、袖身可以进行设计以外，袖口也可以有很多变化，如加袖克夫、抽褶、系带、开衩等，这些都可以在袖型立体结构确定后通过平面的方法解决，因此本章不做讨论。

第二节　无袖袖窿造型的立体裁剪

无袖的袖窿，不需要考虑与袖子的对应关系，可以比正常袖窿向衣身内缩进，也可以由衣身向上臂延伸，本节以向内变化的方袖窿、向外延伸的冒肩袖窿为例，说明无袖袖窿的立体裁剪操作过程。

一、方袖窿

（一）款式说明

袖窿处肩端点内移，使肩线变短，肩头外露，袖窿底从圆顺的弧线变为方角形，线条简洁大方，如图6-8所示。

(二) 材料准备

（1）人台准备：贴标记带，按照款式要求，在人台上按照款式特点用标记带贴好方形袖窿形状，如图6-9所示，注意各关键点的定位及线条的走向。

（2）备料：分析款式，准备大小合适的坯布，将撕好的布料烫平、整方，分别画出经、纬纱向线，具体要求如图6-10所示。

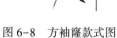

图 6-8　方袖窿款式图

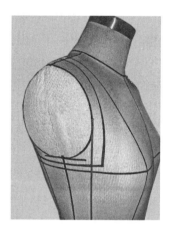

图 6-9　贴标记带

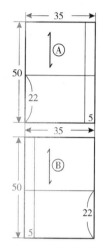

图 6-10　方袖窿备料图

(三) 操作过程及要求

（1）固定前片：取备料Ⓐ，经、纬纱线分别与人台前中线及胸围线对齐，固定前中线上、下点及胸点，如图6-11所示。

（2）修剪：修剪前领口弧线并适量打剪口，使布料在领口及肩部平服，固定肩线两端，在袖窿处保留1cm松量后，固定袖窿底点，注意胸围松量应保持在2cm，如图6-12所示。

（3）别合腋下省：从腰部推平布料固定侧缝下点，把余量控制在侧缝线上，以腋下省的形式呈现，修剪侧缝、袖窿及肩线处多余布料，如图6-13所示。

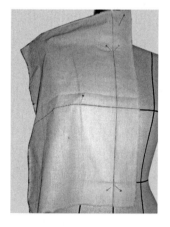

图 6-11　固定前片

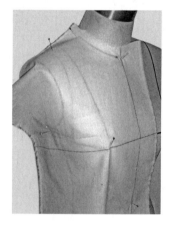

图 6-12　修剪

图 6-13　别合腋下省

（4）制作后片：后片与前片的操作方法相同，取备料Ⓑ，保持纬、纱线与肩胛线一致，在保留袖窿、胸围及腰围松量的同时，把省量以腋下省的形式设置在侧缝处，如图 6-14 所示。

（5）对合侧缝：用折别法（前压后）别合侧缝，注意在侧缝处前、后腋下省的对合，上下两端点用横针，如图 6-15 所示。

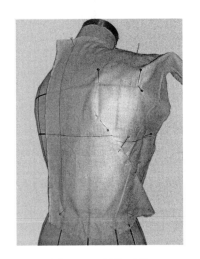
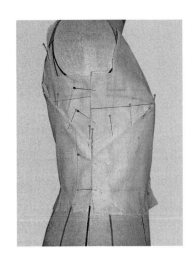

图 6-14　制作后片　　　　　　　　　图 6-15　对合侧缝

（6）完成造型：修剪腰围线，折净缝份后，进行整体造型确认，如图 6-16～图6-18所示。

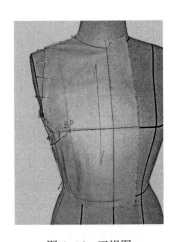
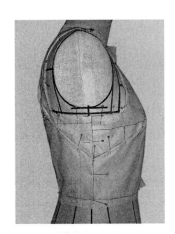
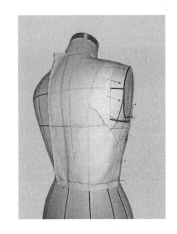

图 6-16　正视图　　　　　图 6-17　侧视图　　　　　图 6-18　后视图

（7）裁片修正：确认款式合适后，作标记线取下衣片，进行平面修正，得到方袖窿的裁片，如图 6-19 所示。确认后拷贝纸样备用。

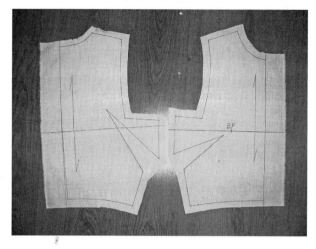

图 6-19　裁片

二、冒肩袖窿

（一）款式说明

袖窿处肩端点外移并下落，使肩线变长，包覆部分上臂，线条简洁大方，如图 6-20 所示。

（二）材料准备

（1）人台准备：贴标记带，按照款式要求，在人台上贴出领口、袖口的标记带，如图 6-21、图 6-22 所示。注意各关键点的定位及线条的走向。

图 6-20　冒肩袖窿款式图　　　图 6-21　贴标记带（正）　　　图 6-22　贴标记带（背）

（2）备料：分析款式，准备大小合适的坯布，将撕好的布料烫平、整方，分别画出经、纬纱向线，具体要求如图 6-23 所示。

(三) 操作过程及要求

（1）固定前片：取备料Ⓐ，布面十字对齐前中线与胸围线，固定前中线的上、下点，如图 6-24 所示。

（2）修剪领口、固定侧缝：领口推平，修剪领口；袖窿处留 1.5～2cm 松量，胸围留 2cm 松量，固定侧缝上点，铺平固定侧缝线，如图 6-25 所示。

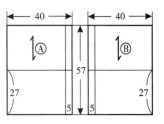

图 6-23　冒肩袖窿备料图

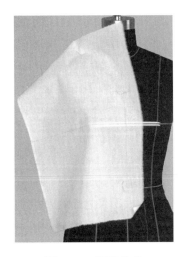

图 6-24　固定前片

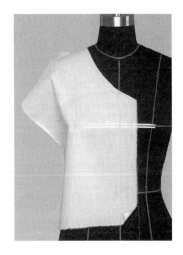

图 6-25　修剪领口、固定侧缝

（3）修剪肩线及侧缝：留 2cm 缝份修剪肩线及侧缝，如图 6-26 所示。

（4）制作后片：取备料Ⓑ，用与前片相同的方法制作后衣片，如图 6-27 所示。

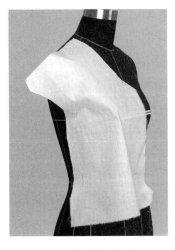

图 6-26　修剪肩线及侧缝

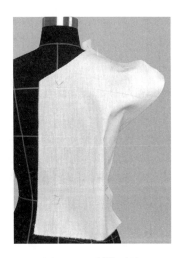

图 6-27　制作后片

（5）合侧缝：用折别法前压后连接前后衣片侧缝，注意保持等长，如图 6-28 所示。

（6）做袖窿底标记：在衣片上贴出预设袖型的袖窿底标记线及起止位置，前、后止点位置分别距袖窿底约为9cm，如图6-29所示。

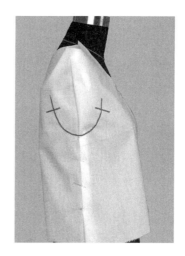

图6-28　合侧缝　　　　　　　　　　图6-29　做袖窿底标记

（7）修剪袖窿底：自侧缝处起，修剪袖窿底至止点位置后，垂直打剪口。后片同前片，如图6-30所示。

（8）掐别肩线：装手臂，沿肩线和手臂中线掐别前后片，在袖口处保留少量松量，修剪袖口和肩线，如图6-31所示。

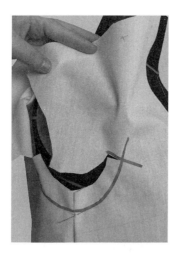

图6-30　修剪袖窿底　　　　　　　　图6-31　掐别肩线

（9）完成造型：折别肩线，折净袖口，完成整体造型，进行全方位检查，如图6-32~图6-34所示。确认效果满意后，作轮廓线及缒领对位点标记。

（10）裁片修正：从人台上取下衣片，进行平面修正，得到的裁片如图6-35所示。确认后拷贝纸样备用。

图 6-32　正视图

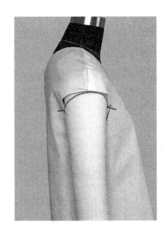

图 6-33　侧视图

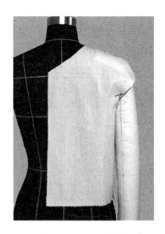

图 6-34　后视图

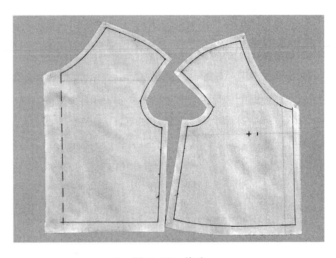

图 6-35　裁片

第三节　圆装袖的立体裁剪

圆装袖与衣身在臂根区域连接，完整覆盖手臂。本节以一片式合体袖、两片式合体袖为例，说明圆装袖的立体裁剪操作过程。

一、一片式合体袖

（一）款式说明

合体袖型，肘线以下前倾，后袖缝收肘省，如图 6-36 所示。

(二) 材料准备

(1) 衣身准备：在人台上准备合适的上衣款式，并用标记带贴出正常的袖窿位置，如图 6-37 所示。

(2) 备料：分析款式，准备大小合适的坯布，将撕好的布料烫平、整方，分别画出经、纬纱向线，具体要求如图 6-38 所示。

图 6-36　一片式合体袖款式图

图 6-37　衣身准备

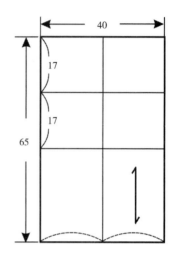
图 6-38　一片式合体袖备料图

(三) 操作过程及要求

(1) 画袖片：根据衣片袖窿长度，将袖窿长×(0.6~0.7) 作为袖山高，画出大概的袖窿弧线，袖长为 58cm，如图 6-39 所示。画好后留 2cm 缝份修剪袖山余量。

(2) 粗裁袖片、别合袖筒：在准备好的布料上粗裁袖窿弧线；别合袖底缝，成袖筒状，如图 6-40 所示。别合时，为避免别住下层的布料，可以将打板尺垫在袖筒内。

(3) 装袖底：将袖山底部与袖窿底固定，确定连接牢固，如图 6-41 所示。

图 6-39　画袖片

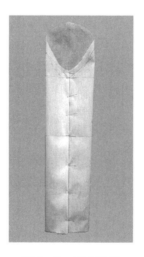
图 6-40　别合袖筒

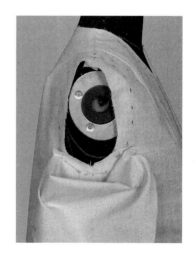
图 6-41　装袖底

（4）别合袖山：挑别袖山头与袖窿，如图6-42所示。此时未收肘省，袖身呈竖直状态，与实际手臂的前倾形态不符，这是原型袖的立体效果。

（5）设肘省袖身前倾：拆开肘线以下的袖缝，在后袖缝设肘省，使袖子的下半段呈现出向前的弯势，符合人体手臂前倾的状态，如图6-43所示。

（6）前袖缝打剪口：由于前袖缝内凹，别合后的袖缝表面不平整，可以在前袖缝肘线位置的缝份上打剪口，稍作拔开后重新别合袖缝，如图6-44所示。

图6-42　别合袖山

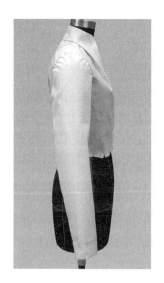

图6-43　设肘省袖身前倾

图6-44　前袖缝打剪口

（7）完成造型：折净袖口，完成一片式合体袖的立体裁剪，进行全方位检查，如图6-45~图6-47所示。

图6-45　正视图

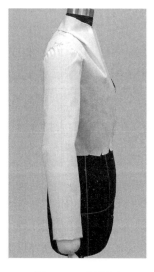

图6-46　侧视图

图6-47　后视图

（8）裁片修正：从人台上取下衣片，进行平面修正，得到的裁片如图6-48所示。确认后拷贝纸样备用。

图6-48　裁片

二、两片式合体袖

（一）款式说明

两片式结构袖身合体，前后作纵向分割，造型自然贴体，具有明显的方向性，与手臂自然下垂形态吻合，如图6-49所示。

（二）材料准备

（1）衣身准备：在人台上准备合适的衣身，并用标记带贴出正常的袖窿位置，如图6-50所示。另外准备一个立体裁剪用的右手臂。

（2）样板准备：如图6-51所示，绘制两片袖基本样板，分别剪出大袖、小袖的纸样。

图6-49　两片式合体袖款式图

图6-50　衣身准备

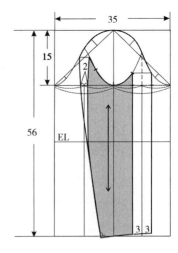

图6-51　两片袖基本结构

（3）备料：如图6-52所示，准备大小合适的坯布，烫平、整方，分别画出经、纬纱向线；取大袖、小袖的纸样粗裁得到大、小袖片，如图6-53所示。注意袖口留出贴边4~5cm，其他部位留缝份2~3cm。

（三）操作过程及要求

（1）别合袖身：将粗裁的大、小袖片分别别合前、后袖缝及袖口，如图6-54所示。

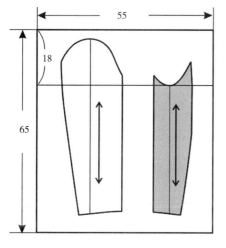

图6-52　粗裁示意图

图6-53　粗裁大、小袖片

图6-54　别合袖身

（2）别合袖山：参考一片式合体袖的缲袖方法，先别袖底缝，再将手臂穿入袖筒，并与袖子一并固定在人台上，然后别合袖山。注意标记前、后袖山处开始缩缝的位置，并做好与衣身的对位点，如图6-55所示。

（3）调整后袖缝：初装好的两片袖从背面观察时袖缝偏移，用标记线贴出合适的位置，保持袖筒围度不变，调整位置重新别合，调整前、后的效果分别如图6-56和图6-57所示。

图6-55　别合袖山

图6-56　调整前的袖缝

图6-57　调整后的袖缝

（4）完成造型：折净袖口，完成两片式合体袖的立体裁剪，进行全方位检查，如图 6-58～图 6-60 所示。

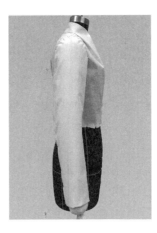

图 6-58　正视图　　　　　　　图 6-59　侧视图　　　　　　　图 6-60　后视图

（5）裁片修正：从人台上取下衣片，进行平面修正，得到的裁片如图 6-61 所示。确认后拷贝纸样备用。

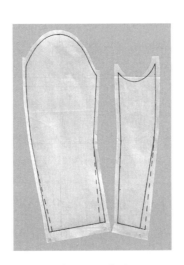

图 6-61　裁片

第四节　插肩袖的立体裁剪

插肩袖是肩袖相连的袖型，本节以一片式收省插肩袖、宽松式方角插肩袖为例，说明这两类袖型的立体裁剪操作过程。

一、一片式收省插肩袖

（一）款式说明

本款为一片式插肩袖，沿肩缝收省；袖与衣身肩部连为一体，从领口到腋下部位与衣身作弧线分割；衣身只在腰部收省，如图6-62所示。

（二）材料准备

（1）人台准备：在人台上准备合适的上衣款式，衣身的制作参考原型制作方法，将全部省量转移至腰部，完成后在其肩部画出插肩袖的造型线并标注前、后片拐点作为参考点。拐点为肩部造型线与袖窿相接的点，修剪肩部多余面料，如图6-63所示。

（2）备料：分析款式，准备大小合适的坯布，将撕好的布料烫平、整方，分别画出经、纬纱向线，具体要求如图6-64所示。

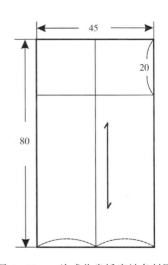

图6-62　一片式收省插肩袖款式图　　图6-63　人台准备　　图6-64　一片式收省插肩袖备料图

（三）操作过程及要求

（1）修剪袖片：取备料，将袖原型纸样的袖中线放在布面经纱线上，并使袖山顶点落在水平辅助线上；在布料上拷贝袖子侧缝及袖口净线；分别测量衣身上从拐点到侧缝的袖窿弧线长度，并等量确定袖山线上的对位点；修剪腋下到拐点的袖山弧线，如图6-65所示。

（2）别合袖身：用折别法别合袖下缝（前压后），如图6-66所示。

（3）别合袖窿底：将袖片与衣身袖窿下部的曲线别合至拐点；并顺势沿肩部造型线平推，使袖片在肩部保持平服，如图6-67所示。

（4）别合袖片：固定插肩袖的前、后造型线位置，标明袖片与衣身分界线，并沿线折别固定，如图6-68所示，后片与前片同。如图6-69所示，肩部集中有较大余量，即一片式插肩袖的肩省量。

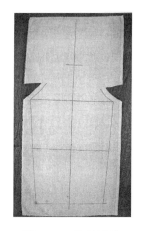

图 6-65　修剪袖片

图 6-66　别合袖身

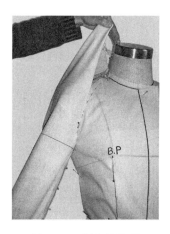

图 6-67　别合袖窿底

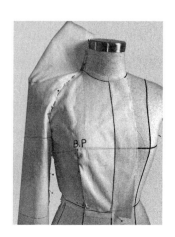

图 6-68　别合袖片

（5）修剪肩线：由于余量较多，可将肩部多余布料顺着肩线先以省道的形式掐别，留 1.5cm 缝份修剪多余布料，如图 6-70 所示。

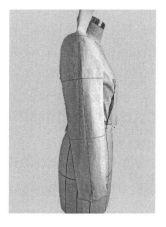

图 6-69　集中肩部余量

图 6-70　修剪肩线

（6）完成造型：将肩省折别后观察整体效果，如图 6-71 所示。

（7）裁片修正：款式确认后作标记线，从人台上拆下袖片画顺曲线，得到插肩袖的裁片，如图 6-72 所示。确认后拷贝纸样备用。

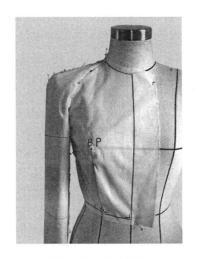

图 6-71　整体造型

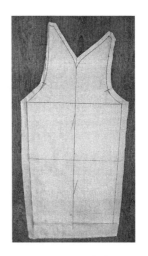

图 6-72　裁片

二、宽松式方角插肩袖

（一）款式说明

　　该款插肩袖，袖长极短，约至前、后腋点处，袖与衣身连接线条偏直，袖身宽松，前、后各有一个裥指向肩部转折处，所以呈现明显的转角，从侧面观察袖身呈方形，如图 6-73 所示。

（二）材料准备

　　（1）人台准备：在人台上准备合适的上衣款式，并用标记带贴出正常的袖窿位置，如图 6-74、图 6-75 所示。

图 6-73　宽松式方角插肩袖款式图

图 6-74　人台准备（前）

（2）备料：分析款式，准备大小合适的坯布，将撕好的布料烫平、整方，分别画出经、纬纱向线，具体要求如图6-76所示。

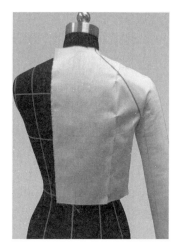

图6-75　人台准备（后）

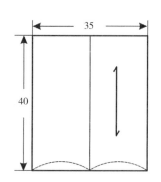

图6-76　宽松式方角插肩袖备料图

（三）操作过程及要求

（1）固定前、后腋点：取袖片备料，先折净袖口，分别固定前、后腋点，保持袖口水平，袖中线竖直，注意袖口留出较大的松量，如图6-77所示。

（2）固定颈侧：在肩头整理出直角转折的造型，铺平肩部，固定颈肩点，如图6-78、图6-79所示。

图6-77　固定前、后腋点

图6-78　固定颈侧（正）

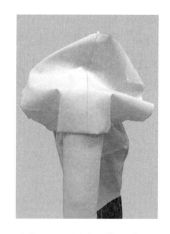

图6-79　固定颈侧（侧）

（3）修剪领口：肩部铺平，修剪领口处的余料，如图6-80所示。

（4）叠裥：将前、后插肩分割线处的余量叠裥，裥的折边指向肩头位置，使方角造型较稳定，注意前后需要对称，如图6-81所示。

（5）修剪：修剪分割线处缝份，如图6-82所示。

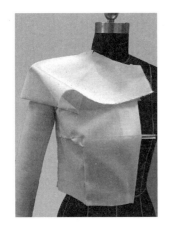

图 6-80 修剪领口

图 6-81 叠裥

图 6-82 修剪

（6）完成造型：折别固定身、袖分割线，以同样方法完成后袖片；完成整体造型，如图 6-83~图 6-85 所示。进行全方位检查，效果满意后作轮廓线及各对位点标记。

图 6-83 正视图

图 6-84 侧视图

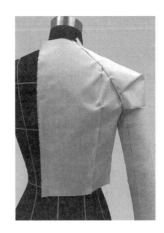

图 6-85 后视图

（7）裁片修正：从人台上取下袖片，进行平面修正，得到的裁片如图 6-86 所示。确认后拷贝纸样备用。

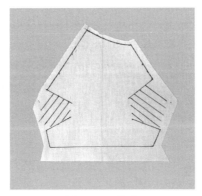

图 6-86 裁片

第五节　花式袖的立体裁剪

花式袖是指非常规造型的袖型，本节介绍宽肩袖、泡泡袖、花瓣袖等款式的立体裁剪操作过程。

一、宽肩袖

（一）款式说明

此款袖型袖身贴体，袖山处前后各有一组环形裥，袖山头呈方形，看似肩宽增加，如图6-87所示。

（二）材料准备

（1）人台准备：在人台上准备合适的上衣款式，贴标记带。肩端点回退2~3cm，在袖窿线位置贴好标记带并确保曲线平滑圆顺，如图6-88所示。

（2）备料：分析款式，准备大小合适的坯布，将撕好的布料烫平、整方，分别画出经、纬纱向线，具体要求如图6-89所示。

图6-87　宽肩袖款式图

图6-88　人台准备

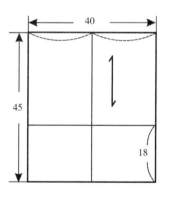

图6-89　宽肩袖备料图

（三）操作过程及要求

（1）抬高袖山：取袖片备料，在一片式合体袖纸样的基础上，将袖山抬高，抬高量取决于肩端点回退量及需要的宽肩厚度，可先加高10cm，制作时适当调整，如图6-90所示。

（2）别合袖窿底：粗裁袖子，别合袖下缝；袖身与袖窿底别合固定，注意袖窿底十字对齐，如图6-91所示。

图6-90　抬高袖山

（3）别合袖山：依次固定袖山顶点与肩端点、前后袖窿宽点与对应袖山弧线，固定时要注意保证袖容量，调整方法可参照原型袖。由于抬高了袖山，前、后袖山处都会出现较大余量，余量大小可通过调整袖山顶点的高低来控制，如图 6-92 所示。

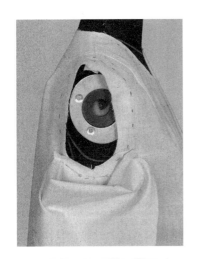

图 6-91　别合袖窿底

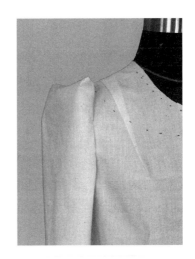

图 6-92　别合袖山

（4）完成造型：将前、后袖山余量分别以环形裥的方式固定，通过调整两个裥的位置、方向、大小以及重叠角度来控制袖子的外观，最后呈现与设计效果相符的方形宽肩造型，如图 6-93、图 6-94 所示。

图 6-93　正视图

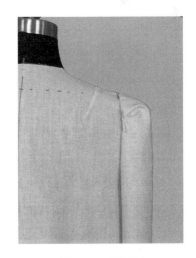

图 6-94　后视图

（5）裁片修正：确认造型满意后，做好标记线，注意在叠裥的位置做好对位标记。从人台上拆下袖片并修正，得到如图 6-95 所示的宽肩袖裁片。

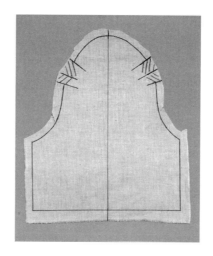

图 6-95　宽肩袖裁片

（四）拓展设计

使用以上方法得到的平面裁片，运用不同的余量处理方法，能够得到不同外观的袖子。如图 6-96 所示，可以在袖山处抽碎褶；如图 6-97 所示，可以在袖山处横向叠褶；如图 6-98 所示，可以在袖中线处手针串缝抽缩等。根据介绍的操作方法与要求，选择其中一款袖型，独立完成该款袖子的立体设计。

图 6-96　袖山抽褶

图 6-97　袖山叠褶

图 6-98　袖中线抽缩

二、泡泡袖

（一）款式说明

此款为一片式结构，在袖山头部位抽褶，形成袖子上端自然膨胀的造型，如图 6-99所示。

（二）材料准备

（1）人台准备：在人台上准备合适的上衣款式，并用标记带贴出正常的袖窿位置，如图6-100所示。

（2）备料：分析款式，准备大小合适的坯布，将撕好的布料烫平、整方，分别画出经纱向线，具体要求如图6-101所示。

图6-99　泡泡袖款式图

图6-100　人台准备

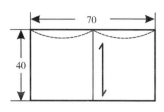

图6-101　泡泡袖备料图

（三）操作过程及要求

（1）平面固定：将袖原型纸样放置在备料下方，袖中线与经向辅助线重合，袖山顶点位于纬向辅助线上，如图6-102所示，将备料与一片袖原型铺平在袖中线处固定。

（2）确定袖山余量：将布料向袖山方向推移、聚拢，在袖山头中区形成一定余量，如图6-103所示。注意袖口处需要打剪口。

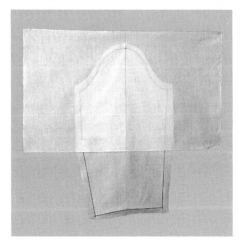

图6-102　平面固定

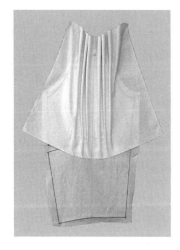

图6-103　确定袖山余量

（3）粗裁袖片：袖山顶点在袖原型基础上提高 3~5cm，重新整理圆顺袖山弧线，袖口线取水平，留出缝份，粗裁袖片，如图 6-104 所示。

（4）别合袖子：袖山头处用手针大针脚缩缝，别合袖下缝，再将袖山弧线与袖窿曲线别合固定，如图 6-105 所示。固定时，先别合腋下部分，按照标记线位置将袖山弧线与袖窿曲线用挑别法别合，有差量时可通过改变袖山头抽缩量的大小来调整，注意褶量前后分配要均匀。

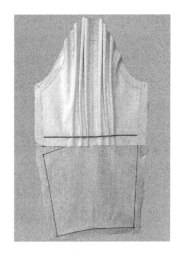
图 6-104　粗裁袖片

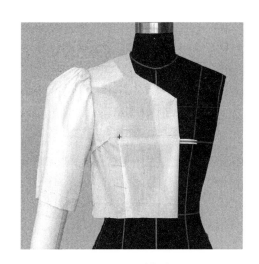
图 6-105　别合袖子

（5）完成造型：进一步整理圆顺袖窿，折回袖口处贴边，完成泡泡袖造型，如图6-106~图 6-108 所示。全方位检查，确认效果满意后，作轮廓线及缅袖对位点标记。

图 6-106　正视图

图 6-107　侧视图

图 6-108　后视图

（6）裁片修正：从人台上拆下袖片，修正得到泡泡袖的裁片，如图 6-109 所示。确认后拷贝纸样备用。

（四）拓展设计

类似泡泡袖的操作方法，可以进行其他袖型的设计。如图 6-110 所示，增加袖口

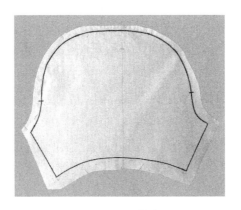

图 6-109　裁片

松量实现喇叭袖的造型；如图 6-111 所示，前袖缝斜向叠裥，实现弧形裥合体袖造型等。根据介绍的操作方法与要求，选择一款，独立完成袖子的立体设计。

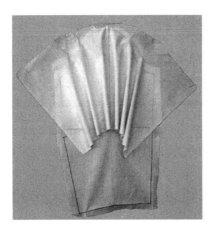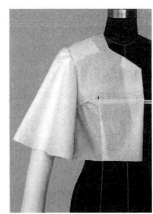

图 6-110　喇叭袖

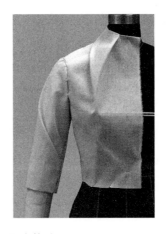

图 6-111　弧形裥合体袖

三、花瓣袖

(一) 款式说明

此款为袖底无分割的花式袖，袖中缝不缝合，在袖山部位有规律叠裥，裥量自然垂落覆盖于上臂，因造型类似郁金香花而得名，如图6-112所示。

(二) 材料准备

(1) 人台准备：在人台上准备合适的上衣款式，贴标记带。肩端点回退2~3cm，在袖窿线位置贴标记带，确保曲线平滑圆顺，如图6-113所示。

(2) 备料：分析款式，准备大小合适的坯布，将撕好的布料烫平、整方，分别画出经、纬纱向线，具体要求如图6-114所示。

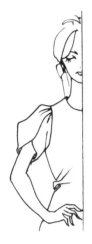

图6-112 花瓣袖款式图

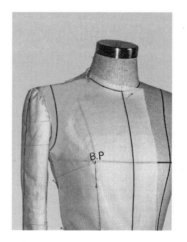

图6-113 人台准备

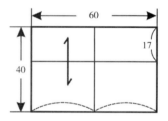

图6-114 花瓣袖备料图

(三) 操作过程及要求

(1) 固定袖窿底：取备料，从布料的上端沿经向线剪开至距纬向线1cm处，将两线交点与袖窿底侧缝处固定，在剪开处拉开一定角度并固定袖窿底部曲线，如图6-115所示。

(2) 别合前袖山：装入布手臂将前袖片翻正，按设计要求固定袖山头裥量；保持袖身前倾，袖口处逐渐收窄，别合前袖山，如图6-116所示。

(3) 别合后袖山：如图6-117所示，裥的大小及数量可随个人喜好而定。

(4) 修剪造型：修剪袖山头余料至2cm，将袖山弧线与袖窿曲线别合固定，注意袖山弧线与袖窿曲线衔接要圆顺；按照设计要求修剪袖中缝及袖口造型线，如图6-118所示。

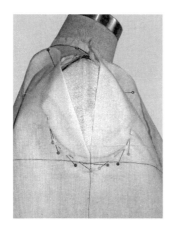

图 6-115　固定袖窿底

图 6-116　别合前袖山

图 6-117　别合后袖山

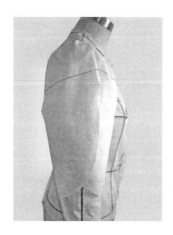

图 6-118　修剪造型

（5）完成造型：从侧面观察袖型整体效果，如图 6-119 所示。

（6）裁片修正：做好标记线与对位点，从人台上拆下袖子修正板型，得到无袖底缝的一片花瓣袖裁片，如图 6-120 所示。确认后拷贝纸样备用。

图 6-119　整体造型

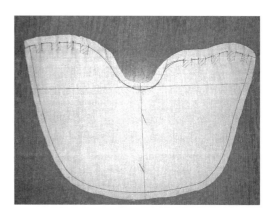

图 6-120　裁片

课后练习

　　参考本章的操作方法，选择图 6-121 中任一款式，独立完成袖型设计。

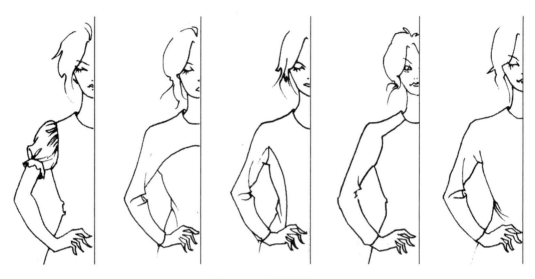

图 6-121　款式拓展

专业知识及专业技能

本章内容：1. 上衣的造型设计

2. 前卫风格衬衫的立体裁剪

3. 浪漫风格衬衫的立体裁剪

4. 都市风格外套的立体裁剪

教学时间：12 课时

教学提示：本章开始上衣的立体造型设计，是前面衣身、领、袖等各部分内容的综合应用，但注意不是简单的叠加过程，而是从整体出发，确定各部分的造型及松量分配，从而形成和谐的统一体。建议引导学生分析款式，确定各部分比例关系及塑型方法，参考基本操作方法从局部着手进行立体设计。

教学要求：1. 掌握分割线操作的基本方法。

2. 了解衣片各部位放松量的基本要求。

3. 具备一定的塑造局部复杂造型的能力。

4. 具备一定的综合分析款式、判断造型方法的能力。

5. 具备一定的独立操作能力。

第七章　上衣的造型设计与立体裁剪

第一节　上衣的造型设计

上衣是指覆盖人体上半身的服装，穿着范围广，款式也涵盖了从日常便服到正式场合穿着的礼服等多种。通常上衣由衣身、领子、袖子组合而成，在设计时需要着重考虑服装的整体风格，进而对领、袖、衣身等局部进行构思，不能随意拼凑。不同的风格，以不同的造型呈现，常见的风格有浪漫风格、都市风格、运动休闲风格、前卫风格、简约风格等。

一、浪漫风格

浪漫风格多采用潇洒飘逸的造型，具有较多的装饰性设计，体现绚烂瑰丽的气氛和浪漫的感官。如图 7-1 所示的（a）款，采用了小立领，无袖设计，衣身有曲线分割，并加入三层较宽的荷叶边下摆，体现活泼灵动的浪漫少女风格；（b）款为大 V 型领口，落肩袖，袖身肥大有褶皱，开襟采用门襟重叠加系带的方式，腰部束紧后形成自然的褶皱与袖子相呼应，整体体现浪漫假日休闲风格。

（a）　　　　　　　　　　　（b）

图 7-1　浪漫风格款式

二、都市风格

都市风格的上衣将时尚轻松渗透到严谨庄重之中，干练中体现自信，稳重而不拘谨。如图7-2所示的（a）款为翻驳领外套，腰部加入曲线分割的育克，长及臀围，袖子为设计重点，袖身宽松，但合体的袖口方便活动，属于都市上班族严谨并兼具特色的款式；（b）款为较宽的翻驳领，下摆有对称小开衩，精致的腰带，干练而不失时尚。

（a） （b）

图7-2 都市风格款式

三、运动休闲风格

运动休闲风格的上衣造型简洁、轻松明快、活力四射，充满青春阳光的气息，设计中借鉴了运动服装的元素，方便活动，具有一定的功能性。如图7-3所示的（a）款衣身廓型合体，小立领，宽松的插肩短袖，便于活动，衣身侧面采用裁片拼接结构，更符合活动的需求，成衣面料可选择略带弹性的亮色面料，凸显活力，也增加舒适性；（b）款衣身宽松，无领无袖，横开领较大，衣片肩部延伸形成冒肩袖，衣身有纵向暗裥，给服装增添了明快的节奏感，适合休闲度假时穿着。

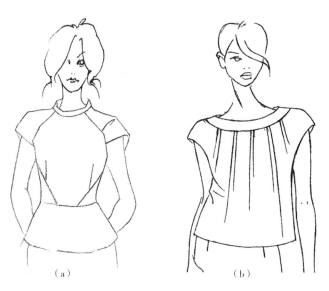

图 7-3　运动休闲风格款式

四、前卫风格

前卫风格追求时尚、个性、刺激、开放、奇特和独创的造型，追求夸张与变形的反差效果。如图 7-4 所示的（a）款，露单肩、衣身斜向分割、不规则的尖角下摆，都体现了不同寻常的风格；（b）款折扇领饰以及角状波浪的下摆，赋予了该款上衣独具特色的魅力。

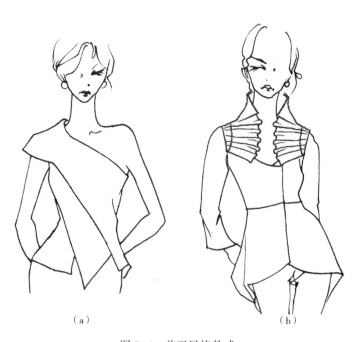

图 7-4　前卫风格款式

五、简约风格

简约风格的造型简洁方便，款式去掉烦琐的装饰、多余的细节，却增加了服装的内涵品位。细节设计较少，结构巧妙精致。如图7-5所示的（a）款为普通翻领、双排扣、合体装袖、H型的短衣身设计，没有多余的线条，却是经典的简约风；（b）款为对合式门襟，翻驳头、连身立领，简洁而不乏味。

图7-5　简约风格款式

第二节　前卫风格衬衫的立体裁剪

前卫风格的衬衫一般采用非常规造型，本节选用的斜线分割衬衫，采用了非对称设计，衣身由多片组成，错落排列，独特而富有美感。

（一）款式说明

该款衬衫造型合体，为露左肩的不对称衣身，前、后身各有两条斜向的分割线，这些线条既有转移胸省、腰省的作用，同时又有很强的装饰效果。右侧肩部面料延伸形成冒肩袖，下摆在分割线处呈现不规则的效果，与衣身相呼应，如图7-6所示。

（二）材料准备

（1）人台准备：贴标记带，如图7-7、图7-8所示，按照款式图贴标记带，标出领口、分割线及省道所处的位置。

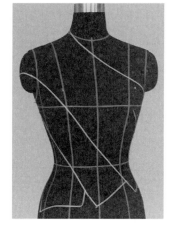
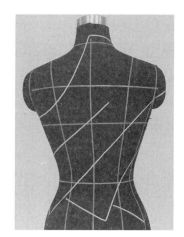

图 7-6　前卫风格衬衫款式图　　图 7-7　贴标记带（前）　　图 7-8　贴标记带（后）

（2）备料：分析款式，准备大小合适的坯布，将撕好的布料烫平、整方，具体要求如图 7-9 所示。

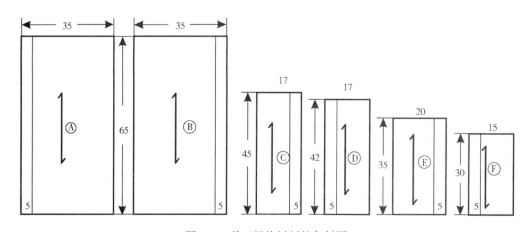

图 7-9　前卫风格衬衫的备料图

（三）操作过程及要求

（1）**固定前上片**：如图 7-10 所示，领口方向取经向固定备料Ⓐ，在右侧肩端点、袖窿分割点和左侧腋下固定。

（2）**别侧省**：如图 7-11 所示，推平领口，注意胸上部要合体，不能有松量，尽量将松量推至侧缝，并将一部分腰省量也转至侧缝，得到侧缝省道后固定，在腰部不平服处打剪口。

（3）**修剪整理**：如图 7-12 所示，在领口处打剪口并折净，修剪分割线余量及下摆方角造型，注意冒肩袖部分要保留。

（4）**固定前中片备料Ⓒ**：如图 7-13 所示，取备料Ⓒ在袖窿及腰部固定，注意保留松量。

图 7-10　固定前上片

图 7-11　别侧省

图 7-12　修剪整理

图 7-13　固定前中片

（5）别合接缝：如图 7-14 所示，修剪多余面料后，上压下折别固定分割线。

（6）完成前片：如图 7-15 所示，取备料Ｅ，以同样方法制作前下片，前身部分制作完成。

（7）固定后上片：如图 7-16 所示，取备料Ｂ，和前上片的制作方法相同，固定后上片。注意保留后身立领高度及冒肩袖宽度，将余量推至与分割线平行的方向。

（8）剪省中线：如图 7-17 所示，由于后背省为弧形省，所以先沿省中线方向剪开，为使操作方便，腰部打剪口铺平。

图 7-14　别合接缝

图 7-15　完成前片

图 7-16　固定后上片

图 7-17　剪省中线

（9）修剪整理：如图 7-18 所示，别合省道，修剪后背露肩部位，后领口打剪口折净，对合肩缝，修剪分割线及下摆处的余量。

（10）完成后片：如图 7-19 所示，以相同方法完成后中片与后下片，在分割处压别固定。

（11）完成造型：如图 7-20~图 7-22 所示，对合侧缝，注意各部位的松量要保留。按照款式效果修剪底边并扣净缝份，观察效果是否符合要求。

图 7-18 修剪整理

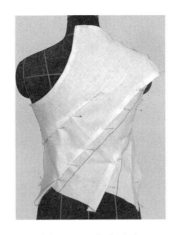

图 7-19 完成后片

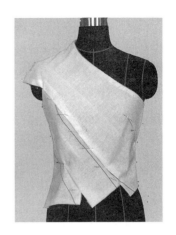

图 7-20 正视图

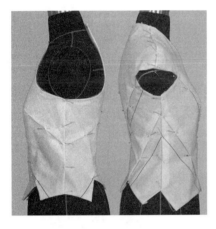

图 7-21 左、右侧视图

图 7-22 后视图

（12）裁片修正：做好标记后，从人台上取下衣片，进行平面修正，得到的裁片如图 7-23 所示。确认后拷贝纸样备用。

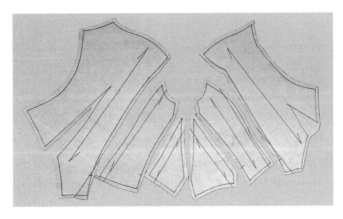

图 7-23 裁片

第三节　浪漫风格衬衫的立体裁剪

浪漫风格的衬衫一般造型柔和，本节选用的缠裹式衬衫，褶皱长袖与飘带蝴蝶结相呼应，浪漫中透着活泼。

（一）款式说明

此款衬衫造型较宽松休闲，左右对称，腰部有绑带，两前片互相交叠至侧缝，侧缝处有褶皱，无领，领横开量较大，领口呈大 V 型，衣片袖窿下移，长袖，袖子宽松呈灯笼状，袖身有自然褶皱，如图 7-24 所示。

（二）材料准备

（1）人台准备：按照款式要求，在人台上贴标记带。需要贴出领口、下摆等关键位置，如图 7-25 所示。注意各关键点的定位及线条的走向。

图 7-24　浪漫风格衬衫款式图

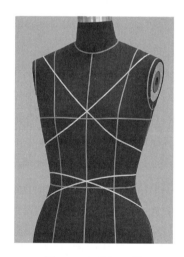

图 7-25　贴标记带

（2）备料：分析款式，准备大小合适的坯布，将撕好的布料烫平、整方，分别画出经、纬纱向线，具体要求如图 7-26 所示。

（三）操作过程及要求

1. 制作衣身

（1）固定左前片：取备料Ⓐ，将布面经纱线与领口斜线基本重合，固定于腰围线为止，使布料过左侧胸点自然下垂，如图 7-27 所示。

（2）标记、修剪肩袖及侧缝：左侧袖窿处留 2cm 松量，固定左侧侧缝，用标记带贴出衣片左侧轮廓线，肩线、袖窿及侧缝轮廓，初步修剪，如图 7-28、图 7-29 所示。

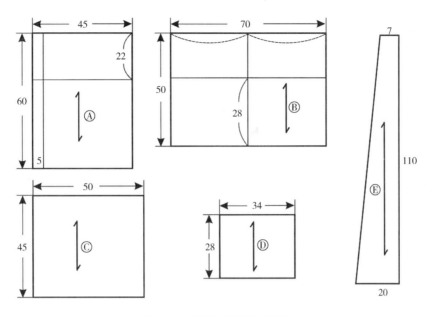

图 7-26 浪漫风格衬衫备料图

图 7-27 固定左前片

图 7-28 标记肩袖及侧缝

图 7-29 修剪

（3）制作腰部褶皱：把腰部余量全部推至右边侧缝，修剪下摆，考虑到该款衬衫是系带固定，所以下摆不放松量；修剪领口，打剪口后折进领口，领口处尽量保持经纱，不留松量；整理右侧褶皱造型并固定，如图 7-30~图 7-32 所示。

（4）复制右前片：做左前衣片标记，拆下后对称复制右前衣片，完成后置于左前衣片下，如图 7-33 所示。

（5）固定后片坯布：取备料Ⓑ，辅助线对齐后中线与胸围线，固定后中线上、下点，胸围线保持纬纱，两侧胸围各留 2~3cm 松量，固定侧缝上点，如图 7-34 所示。

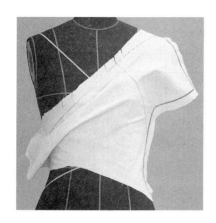
图 7-30　推移余量

图 7-31　固定褶皱

图 7-32　左侧衣片成型

图 7-33　复制右前片

图 7-34　固定后片坯布

（6）标记、修剪肩袖及侧缝：按照标记线修剪后领口，固定肩线，后衣身腰围处保留一定松量，掐别侧缝，按照前衣片标记线轮廓，标记后衣片，修剪肩线、袖窿及侧缝，如图 7-35、图 7-36 所示。

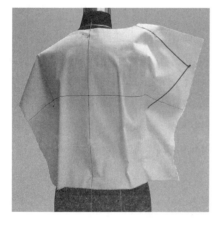
图 7-35　标记肩袖及侧缝

图 7-36　修剪

（7）折别侧缝：前压后折别连接前后衣片、肩线及侧缝，如图 7-37 所示，以相同方法处理左侧，左侧缝留出一段不连接，方便系带穿出。

（8）折净下摆：修剪下摆后折净，如图 7-38 所示。

2. 制作系带

取备料Ⓔ，将系带连接至衣片侧面抽褶处，右侧衣片系带从左侧衣片的侧缝留口处抽出。在前侧位置打结固定，修剪飘带两端的形状，如图 7-39 所示。

图 7-37　折别侧缝　　　　　　图 7-38　折净下摆　　　　　　图 7-39　制作系带

3. 制作袖子

方法 1（单层法）：取备料Ⓒ，卷成长 45cm 的筒，将下口收缩至 22cm，将上口与衣身相连，余量在前后转折处叠褶，上下随意捏褶整理袖子造型，如图 7-40~图 7-42所示。

图 7-40　卷袖筒　　　　　　图 7-41　连接衣身　　　　　　图 7-42　上下随意捏褶

方法 2（双层法）：外层袖筒同制作方法 1，里层袖筒取备料Ⓓ，缝合成长 28cm 的筒，将下口收缩至 22cm，将里、外两层袖筒的下口缝合固定，将两层袖筒分别与衣身固定后，将外层大袖筒与里层小袖筒在某些点上固定，实现自然的皱缩效果，如图

7-43~图 7-45 所示。

图 7-43　制作大、小袖筒　　　　图 7-44　连接衣身　　　　图 7-45　大、小袖点固定

　　方法 1 形成褶皱的方法较简单，采用单层面料也比较适合春夏款式的衬衫，但袖长规格必须依靠严格的对位点来实现，有一个点松开则会导致袖长较大的变化，且褶皱效果不够立体，呈扁平状。方法 2 制作较复杂，且两层面料易产生闷热感，但褶皱效果自然立体、保型性好，在实际应用中可将里层采用网眼状面料。两种方法各有利弊，可按照喜好和要求自行选择。

4. 完成造型

　　完成整体造型，进行全方位检查，如图 7-46~图 7-49 所示。确认效果满意后，做好轮廓线及对位点标记。

图 7-46　正视图　　　　　　　　　　图 7-47　后视图

5. 裁片修正

　　从人台上取下衣片，进行平面修正，得到的裁片如图 7-50 所示。确认后拷贝纸样备用。

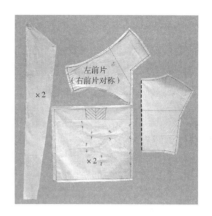

图 7-48　右侧视图　　　　图 7-49　左侧视图　　　　图 7-50　裁片

第四节　都市风格外套的立体裁剪

都市风格的上衣一般造型分明，本节选用的插肩袖外套，合体的衣身突出了夸张的袖型，整体干练而不刻板。前袖的折角设计，别致中体现着时尚。

（一）款式说明

此款式造型基本合体，长至臀围线偏上；左右对称，前衣身腰部有上曲下平的两条线，上、下衣片的胸下位置收省，中片平整；曲线门襟，与下摆切圆角；后片收腰省，腰部横向分割，下摆水平；平驳领，翻折点在胸围线附近；一片式插肩袖，袖长至虎口，袖身宽松，肩部前后分别叠裥，袖身肘部以下向前翻折至袖下缝，袖口适中，如图 7-51 所示。

图 7-51　都市风格外套款式图

(二) 材料准备

（1）人台准备：按照款式要求，在人台上贴标记带。需要贴出领口、前门襟、腰部分割线、插肩袖位置以及下摆，如图7-52~图7-54所示。注意各关键点的定位及线条的走向。

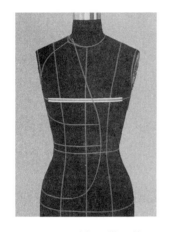

图7-52 贴标记带（前）

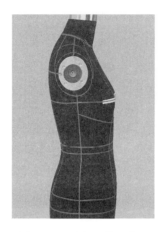

图7-53 贴标记带（侧）

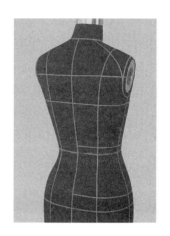

图7-54 贴标记带（背）

（2）备料：分析款式，准备大小合适的坯布，将撕好的布料烫平、整方，分别画出经、纬纱向线，具体要求如图7-55所示。

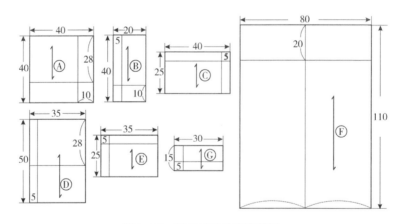

图7-55 都市风格外套备料图

(三) 操作过程及要求

1. 制作前衣身

（1）固定前上片：取前上片备料Ⓐ，布面十字对齐前中线与胸围线的交点，固定前中线的上、下点，如图7-56所示。

（2）推移省量：胸凸引起的余量推移至下方，上方平整，胸围线上水平留2cm松量，固定侧缝，如图7-57所示。

（3）固定省道：衣片下口留 1.5cm 松量，在前公主线处固定胸省，如图 7-58 所示。

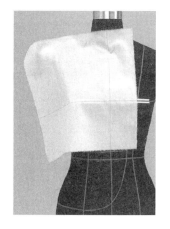
图 7-56　固定前上片

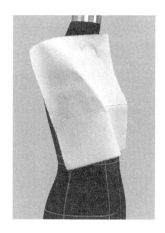
图 7-57　推移省量

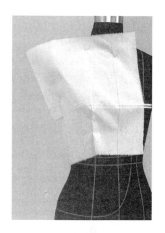
图 7-58　固定省道

（4）修剪：修剪衣片肩部、侧缝以及腰部分割线处轮廓，保留足够缝份，如图 7-59所示。

（5）翻折驳领：沿标记的翻折线位置翻出驳领部分余量，便于在后续步骤中修剪，如图 7-60 所示。

图 7-59　修剪

图 7-60　翻折驳领

（6）固定前中片：将前上片关键位置做好标记后暂时上翻，取前中片备料Ⓑ，布面十字对齐该区域前中线上、下线位置，固定前中线，衣片上、下口平行留 1.5cm 松量，固定侧缝，如图 7-61 所示。

（7）修剪：按照标记线位置各留 2cm 缝份，修剪前中片上、下口，如图 7-62 所示。

（8）连接：沿前中片上口打剪口，并在关键点处做标记，将前上片翻下置于下层，下压上横别连接上片与中片，注意松量的保留，如图7-63所示。

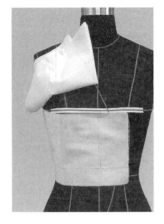
图7-61 固定前中片

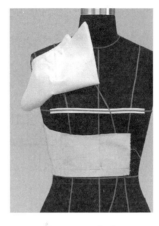
图7-62 修剪

图7-63 连接

（9）固定前下片：将前中片上翻，取前身下片备料ⓒ，布面十字与人台腰围线的前中点对齐，固定前中线，如图7-64所示。

（10）固定侧缝：保证侧缝处下摆的张开角度，衣片下口处松量不少于2cm，固定侧缝，腰部有余量留为省量，如图7-65所示。

图7-64 固定前下片

图7-65 固定侧缝

（11）别腰省：按照标记位置修剪衣片上、下口，上口余量先留出1.5cm松量，其余以省道形式处理。注意省道位置应与前上片保持一致，以形成连贯的线条，如图7-66所示。

（12）连接：以上压下的方式连接中片与下片，可适当打剪口消除布口的紧绷现象，省尖点可略向上移，在省尖处形成凸起的效果，增加服装的立体感，如图7-67所示，前片造型基本完成。

图 7-66　别腰省

图 7-67　连接

2. 制作后衣身

（1）固定后上片：取备料①制作后上片，将备料上水平位置在后中线处对齐胸围线，上半段竖直线对齐后中线的肩胛以上区域，下半段自然下垂，在腰围处竖直线与后中线有少量偏移，形成吸腰造型，固定后中上、下点，如图 7-68 所示。

（2）固定后片轮廓：肩胛线上水平留 1.5cm 松量，于后片插肩分割线处留 0.3～0.5cm 松量，剩余量推移至下方，固定四周轮廓，如图 7-69 所示。

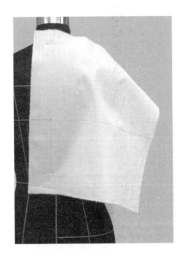

图 7-68　固定后上片

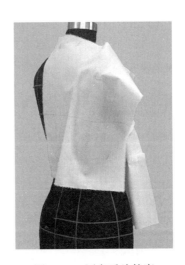

图 7-69　固定后片轮廓

（3）别后片腰省：衣片下口分割线处保留 1.5cm 松量，在后公主线附近固定后腰省，省道要保持直线，略向内收，如图 7-70 所示。

（4）修剪轮廓：修剪衣片上、下及侧边的轮廓线，如图 7-71 所示。

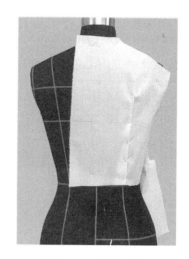

图 7-70　别后片腰省　　　　　　　　　　　图 7-71　修剪轮廓

（5）制作后下片：取备料Ｅ，用与前身下摆相似的方法完成后衣身下摆，并与后上片相连，如图 7-72～图 7-77 所示。

图 7-72　固定后下片　　　　　　图 7-73　固定侧缝　　　　　　　图 7-74　修剪

图 7-75　别腰省　　　　　　　　图 7-76　侧视图　　　　　　图 7-77　连接上、下衣片

3. 完成衣身

（1）连接前、后片：在侧缝处连接前、后片，前压后折别，如图7-78所示。

（2）折净下摆：从前中片开始，沿着标记线位置修剪门襟，并适当打剪口，将下段圆门襟止口折净，直到后片下摆，用垂直针固定，如图7-79所示。

（3）标记驳头位置：在前上片翻折的区域用标记带贴出驳头造型，如图7-80所示。

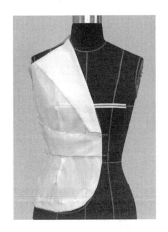

图7-78 连接前、后片　　　图7-79 折净下摆　　　图7-80 标记驳头位置

（4）折净驳头：修剪驳头处余量，对着翻折点位置打剪口，下半段以门襟方式固定，驳头部分折净固定，在人台上装假手臂，方便完成袖子的制作，如图7-81所示。

4. 制作袖子

（1）固定袖子：取袖子备料Ⓕ，将十字点与肩端点对齐，坯布中线与手臂中线保持一致，前后肩部推平，在肩线上形成部分余量，作为该款插肩袖的肩省量，如图7-82所示。

图7-81 折净驳头　　　　　图7-82 固定袖子

（2）叠裥：按照效果图在肩部前后分别叠裥，裥量各 6cm，如图 7-83、图 7-84 所示。

图 7-83　叠前裥　　　　　　　　　　　　　　图 7-84　叠后裥

（3）卷袖口：根据效果图将下半段袖中线，向前折角。在需要的袖长位置确定袖口大小后固定，袖子外侧形成明显的钝角拐点，同时袖口回收，如图 7-85 所示。

（4）标记、修剪袖口：用标记带贴出袖口位置并修剪，如图 7-86、图 7-87 所示。

图 7-85　卷袖口　　　　　　图 7-86　贴标记带　　　　　　图 7-87　修剪

（5）打剪口：由前中向前腋点处斜纱方向剪开，后侧背宽处同样处理，如图 7-88 所示。

（6）确定袖下缝：掐别固定袖下缝，修剪余量，如图 7-89、图 7-90 所示。

（7）连接袖窿底：修剪袖窿底处余量，将袖窿底处的缝份折净，挑别固定，前后同样处理，如图 7-91、图 7-92 所示。

（8）修剪余量：修剪插肩分割线处的余量，如图 7-93 所示。

图 7-88　打剪口

图 7-89　掐别袖下缝

图 7-90　修剪袖下缝

图 7-91　前袖窿底

图 7-92　后袖窿底

图 7-93　修剪余量

（9）连接衣身与袖：折净并固定插肩袖与衣身的连接位置，前后身同样处理，如图 7-94、图 7-95 所示。

（10）固定插肩袖肩省：确定肩线处省量，折回并固定，如图 7-96 所示。

图 7-94　折净插肩分割线（前）

图 7-95　折净插肩分割线（后）

图 7-96　固定肩线省

5. 制作领子

（1）标记领口：在翻开的驳头处，用标记带准确标记出领口线、驳头止口线、翻折线的位置，如图 7-97 所示。

（2）固定领片：取备料ⓒ，领片上辅助线交点与颈后点对齐固定，如图 7-98 所示。

（3）别合后领口：后领下口打剪口，领片向颈侧方向转，领口处搭别，如图 7-99 所示。注意剪口深度不能超过别合位置。

图 7-97 标记领口　　　　　　图 7-98 固定颈后点　　　　　　图 7-99 别合后领口

（4）别合前领口：由后向前在领口线上逐点连接领片与衣身，领片翻折线处保留适当松量，连接至领口与串口的转折点，注意在颈肩转折区域保持布面平服，如图 7-100所示。

（5）别合串口：理顺领片，保持领口转角处平服，搭别串口；修剪领片下口缝份，如图 7-101 所示。

（6）翻折领片：如图 7-102 所示，将领子沿翻折线翻下，观察翻驳领，要求领片与前身驳头处衔接顺滑，如果不服帖，可调整装领线、串口线别合位置。

（7）完成翻驳领：在翻出部分用标记带标出领止口，修剪后折净，如图 7-103 所示。与效果图比对，确保造型准确，翻折线连接圆顺。

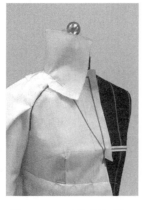

图 7-100 连接领与领口　　　　图 7-101 别合串口　　　　　　图 7-102 翻折领片

6. 做袖口

（1）折别袖下缝：将掐别的袖下缝做好标记后拆开改用折别法固定，如图 7-104 所示。

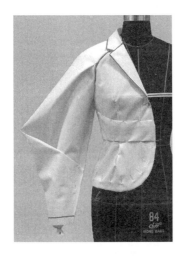

图 7-103　折净翻驳领

图 7-104　折别袖下缝

（2）修剪袖口：此时，前半部分袖口有三层，如图 7-105 所示。为方便折转袖口贴边，需要修剪里面的两层，至少比表层短 4cm，修剪后折净袖口，如图 7-106 所示。

图 7-105　内层袖口

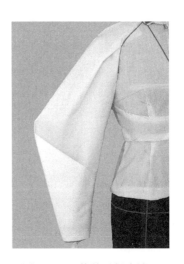

图 7-106　修剪后折净袖口

7. 完成造型

完成整体造型，进行全方位检查，如图 7-107～图 7-109 所示，确认后做各部位标记。

图 7-107　正视图　　　　　图 7-108　侧视图　　　　　图 7-109　后视图

8. 裁片修正

　　从人台上取下衣片，进行平面修正，得到的裁片如图 7-110 所示。确认后拷贝纸样备用。

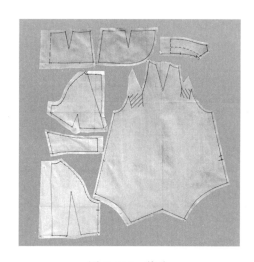

图 7-110　裁片

课后练习

　　选择本章第一节中所介绍的任一款式，参考以上的操作方法，独立完成立体造型设计。

专业知识及专业技能

本章内容： 1. 半身裙的造型设计

2. 下丰满型半身裙的立体裁剪

3. 上丰满型半身裙的立体裁剪

4. 组合造型半身裙的立体裁剪

教学时间： 8 课时

教学提示： 本章主要介绍下部丰满的圆台型半身裙、腰腹部丰满的陀螺型半身裙以及组合造型半身裙的立体造型设计，体现分割线、褶、波浪褶在塑型中的作用，不同类型、不同位置、不同走向的内部结构变化，体现出款式的变化。引导学生分析款式，确定各部分比例关系及塑型方法，参考基本操作方法从局部着手进行立体设计，并在掌握基本造型方法的基础上，充分发挥创新能力，设计出更佳的作品。

教学要求： 1. 掌握半身裙下部丰满造型的操作方法。

2. 掌握波浪褶的塑型方法。

3. 掌握暗褶、顺褶、放射褶的操作方法。

4. 掌握育克的操作方法。

5. 掌握鱼尾裙的操作方法。

6. 具备一定的综合分析款式的能力。

7. 具备一定的独立操作能力。

第八章　半身裙的造型设计与立体裁剪

第一节　半身裙的造型设计

半身裙是指所有穿着在下半身的裙装，造型变化丰富，与不同上装搭配后风格多变。忽略色彩及面料的变化，单从款式设计角度来讲，设计半身裙时可以从以下几个角度去构思，款式设计完成后还可以加入一些装饰元素。

一、裙长设计

裙长变化是裙子最直观的设计点，短裙俏皮，中裙干练，长裙优雅，各有特色，在设计时根据需要确定裙长。如图8-1所示，为裙子的裙长设计。

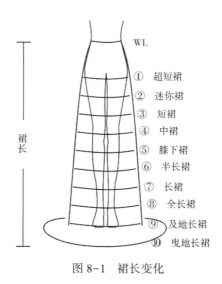

WL

① 超短裙
② 迷你裙
③ 短裙
④ 中裙
⑤ 膝下裙
⑥ 半长裙
⑦ 长裙
⑧ 全长裙
⑨ 及地长裙
⑩ 曳地长裙

裙长

图8-1　裙长变化

二、裙腰设计

根据裙腰的有无及其所在位置，可以有不同的设计。如图8-2所示，可在设计裙子时根据裙子的款式灵活选择适合的裙腰造型。

三、下摆设计

常规的裙下摆一般是水平状，也可根据不同面料的质感及设计风格给裙子设计有

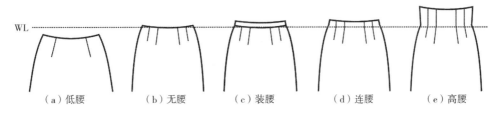

图 8-2　不同的裙腰设计

特色的下摆，如图 8-3 所示，为裙下摆常见造型。

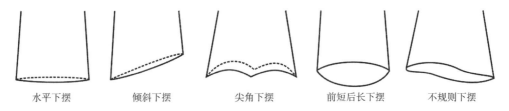

图 8-3　不同的裙下摆造型

四、外部廓型设计

按照外部廓型，裙子可以分为五类：紧身型、全丰满型、下丰满型、上丰满型及组合型。如图 8-4 所示，紧身型半身裙上下部分皆处于较合体状态；全丰满型半身裙在臀围及下摆处都有较大松量，且上下松量基本一致；下丰满型半身裙在臀围处松量较小，下摆处松量较大；上丰满型半身裙的臀围处松量较大，下摆处相对收紧；组合型半身裙可以是两种或几种廓型的组合，如常见的鱼尾裙，即为紧身型与下丰满型的组合。

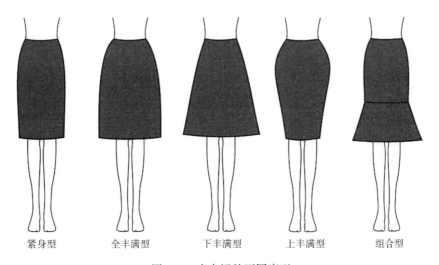

图 8-4　半身裙的不同廓型

五、内部结构设计

相同的外部廓型可以拥有不同的内部结构。内部结构线条有些是为了实现廓型，有些是为了增加装饰性而存在。因此在外部廓型设计确定的情况下，可以通过改变内部结构，而实现不同风格的设计。内部结构设计常用到的方法有：收省、叠裥、抽褶、分片等。这四种方法可以单独使用，也可以组合使用，在设计的时候可以灵活运用。如图 8-5 所示，为部分相同外部廓型、不同内部结构的半身裙。

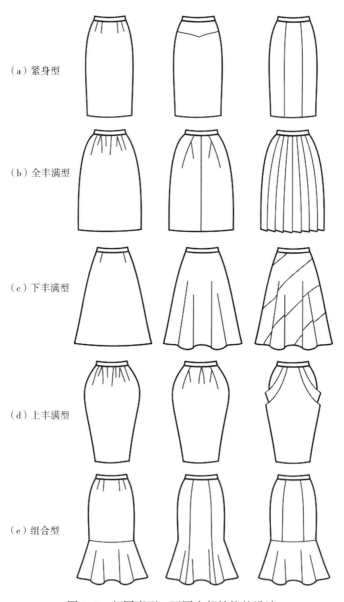

（a）紧身型

（b）全丰满型

（c）下丰满型

（d）上丰满型

（e）组合型

图 8-5　相同廓型、不同内部结构的设计

六、功能设计

（一）满足穿脱功能的开口设计

半身裙作为日常穿着服装，在设计时需要考虑服装的穿脱功能。不同的开口设计具备不同的外观，同时也是细节品质的一种体现，在设计裙子时要选择适当的开口方式以保证设计的统一性。如图8-6所示，为裙子常用的开口方式，最常见的是隐形拉链式的开口，可以装在后中或者侧缝处。

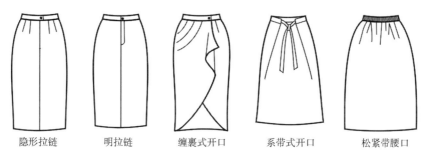

| 隐形拉链 | 明拉链 | 缠裹式开口 | 系带式开口 | 松紧带腰口 |

图8-6　不同的裙开口设计

（二）满足活动功能的开衩设计

开衩设计通常是为了满足日常的活动功能，如走路、上台阶等基本活动。身高为160cm的女性，当步幅为67cm时，膝盖处需要的围度约为100cm，而脚踝附近的活动围度则需要约146cm。因此对于裙摆幅度不能满足活动需求的裙子，必须要加入开衩。为了满足在特殊活动中，如舞蹈时需要的活动量，也需要在裙摆量不足的裙子上开衩，另外好的开衩设计也具有一定的装饰性。如图8-7所示，为常见的几种开衩设计。

| 前中开衩 | 后中开衩 | 两侧开衩 | 前侧开衩 |

图8-7　不同的裙开衩设计

第二节　下丰满型半身裙的立体裁剪

下丰满型半身裙，采用下放式的立体造型方法，使下摆出现多余量，一方面满足人体正常活动的需求，另一方面形成波浪造型。立体裁剪操作时，要根据下摆丰满度的需求，控制腰部的下放量。

半紧身裙的下摆丰满度最小，以满足迈步的需求为主；圆裙下摆的丰满度则比较大，形成多个有深度的波浪，本节以这两个款式为例，详细说明这类裙型的立体裁剪过程。

一、半紧身裙

（一）款式说明

此款裙装的腰部到臀部合体，前后左右各有一个腰省，装腰头，裙长过膝，下摆自然散开，如图8-8所示。

（二）材料准备

准备大小合适的坯布，将撕好的布料烫平、整方，分别画出经、纬纱向线，具体要求如图8-9所示。

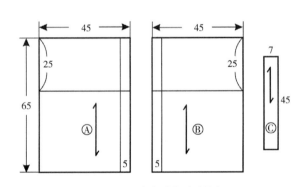

图8-8 半紧身裙款式图　　　　　图8-9 半紧身裙备料图

（三）操作过程及要求

（1）固定前片：取备料Ⓐ，水平线对齐臀围线，经向线对齐前中线，固定前中上、下点，如图8-10所示。

（2）确定下摆张开角度：腰部打剪口，将腰部余料顺势向下推，使下摆张开至合适角度，如图8-11所示。

（3）确定侧缝：观察下摆造型，并确认臀围松量，固定臀围侧缝点。向上将顺侧缝，固定侧缝上点，腰部打剪口，如图8-12所示。

（4）完成前片：修剪侧缝、腰口，确定省道位置及大小、指向等参数，折别腰省，完成前片，如图8-13~图8-15所示。

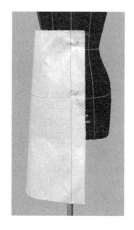
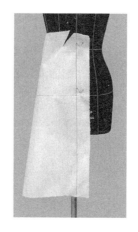

图 8-10　固定前片　　　　图 8-11　确定下摆张开角度　　　图 8-12　确定侧缝

图 8-13　修剪　　　　　　图 8-14　确定省道　　　　　　图 8-15　完成前片

（5）完成后片：取备料Ⓑ，采用与前片同样的方法完成后片，如图 8-16~图 8-19 所示。

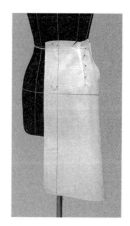

图 8-16　固定后片　　　图 8-17　固定侧缝　　　图 8-18　掐别后腰省　　　图 8-19　完成后片

（6）连接侧缝：先临时搭别侧缝，用标记带贴出侧缝位置，修剪缝份后，按标记位置折别连接前后裙片，如图 8-20~图 8-22 所示。

（7）连接腰头、标记底边：取备料ⓒ制作腰头并连接在腰口处，贴出水平底边位置，如图 8-23 所示。

图 8-20　搭别侧缝　　　图 8-21　标记位置　　　图 8-22　折别连接　　　图 8-23　连接腰头、
　　　　　　　　　　　　　　　　　　　　　　　　　　　　　　　　　　　　　　　标记底边

（8）完成造型：修剪底边并折净，完成半紧身裙造型。全方位观察，要求下摆略张开，造型自然，如图 8-24~图 8-26 所示。确认效果满意后，做轮廓线及腰头对位点标记。

图 8-24　正视图　　　　　　图 8-25　侧视图　　　　　　图 8-26　后视图

（9）裁片：从人台上取下裙片，进行平面修正，得到的裁片如图 8-27 所示。确认后拷贝纸样备用。

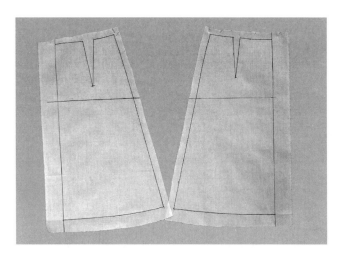

图 8-27　裁片

二、圆裙

(一) 款式说明

　　此款裙装腰部合体，裙长过膝，下摆自然呈波浪状，如图 8-28 所示。

(二) 材料准备

　　准备大小合适的坯布，将撕好的布料烫平、整方，分别画出经、纬纱向线，具体要求如图 8-29 所示。

图 8-28　圆裙款式图

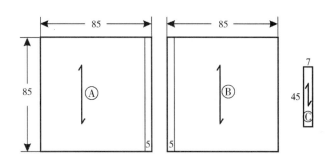

图 8-29　圆裙备料图

(三) 操作过程及要求

（1）固定前片：取备料Ⓐ，腰围线以上留 15cm，经向线对齐前中线，固定前中线上、下点，如图 8-30 所示。

（2）做第一波浪：沿腰围线以上 3cm 处，水平剪开至前中线内 3cm 处，打斜剪口至距腰围线 1cm 处；腰口下落，整理下摆，做出第一波浪，臀围处约 5cm 褶量，如图 8-31 所示。

图 8-30 固定前片　　　　　　　图 8-31 做第一波浪

（3）完成前片：向侧上方向继续弧线剪进（少剪多修，避免剪缺），间距约 3cm 依次打斜剪口，下落腰口，完成第二、三、四个波浪，注意在臀围线上把握褶量，尽可能保持均匀，侧缝处留一半褶量，如图 8-32 所示。

（4）别合前、后片：如图 8-33 所示，取备料Ⓑ，用相同的方法与要求完成后片，并别合侧缝，完成"手帕裙"造型。

图 8-32 完成前片　　　　　　　图 8-33 别合前、后片

（5）修剪底边：根据款式，与地面等距离别针做裙长标记，拉展下摆，留3cm贴边圆顺修剪，如图8-34所示。

（6）完成造型：取备料ⓒ，制作并固定腰头；折净底边，完成圆裙款式。全方位观察，要求下摆波浪均匀，造型自然，如图8-35~图8-37所示。确认效果满意后，做轮廓线及腰头对位点标记。

图8-34　修剪底边

图8-35　正视图

图8-36　侧视图

图8-37　后视图

（7）裁片修正：从人台上取下衣片，进行平面修正，得到的裁片如图8-38所示。确认后拷贝纸样备用。

（四）拓展设计

以半紧身裙作为衬裙，将圆裙下摆抽缩后固定在半紧身裙的底边处，则实现灯笼裙的设计，如图8-39所示。

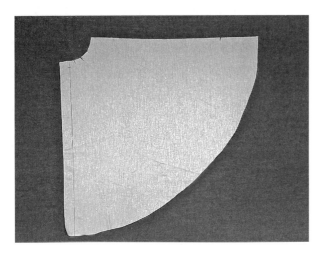

图 8-38　裁片

图 8-39　灯笼裙

第三节　上丰满型半身裙的立体裁剪

上丰满型半身裙，采用上提式的立体造型方法，使腰臀部出现多余量，满足造型需要。立体裁剪操作时，根据腰臀部丰满度的需求，控制腰部的上提量。

一、褶裥裹裙

（一）款式说明

此款裙装后身与两侧的造型合体，前身上部左右不对称，互相重叠至前公主线位。左前片与原型基本相同，右前片在前中线偏左腰位连续叠三个顺向斜线裥，使腹部出现松量，腰口多余宽度由门襟处自然下垂成波浪状，前裙片下摆呈弧线状，左右对称，如图 8-40 所示。

（二）材料准备

（1）人台准备：根据款式要求，在人台右侧贴出三个斜向褶裥的位置，注意各裥间距及折边线的走向，如图 8-41 所示。

（2）备料：分析款式，准备大小合适的坯布，将撕好的布料烫平、整方，分别画出经、纬纱向线，具体要求如图 8-42 所示。

（三）操作过程及要求

（1）固定右片：取备料Ⓐ，保持经纱线与前中线一致，固定前中线上、下点；保持纬纱线与臀围线一致，留出 0.5cm 松量，固定右侧臀位，如图 8-43 所示。

（2）叠第一个裥：沿标记线向侧缝叠第一个裥，腰口叠进约 6cm，理顺折叠线，横别固定腰口，如图 8-44 所示。

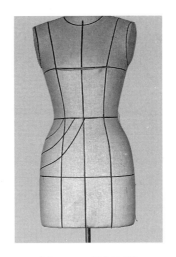

图 8-40　褶裥裹裙款式图　　　　　　　图 8-41　贴标记带

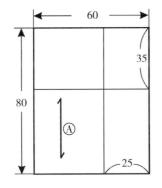

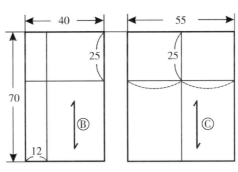

图 8-42　褶裥裹裙备料图

（3）完成各裥：根据标记依次叠出第二、第三个裥，裥量递减 1~2cm，理顺折叠线并固定腰口；腰口留出 1.5cm 缝份，清剪余料，如图 8-45 所示。注意，操作时需要在上口各裥之间打剪口。

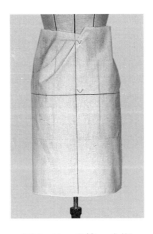

图 8-43　固定右片　　　　　　图 8-44　叠第一个裥　　　　　　图 8-45　完成各裥

（4）修剪下摆：根据效果图，在裙片上贴出下摆造型线，留出 2cm 贴边，清剪余料；顺势剪出门襟造型，整条弧线要求圆顺，如图 8-46 所示。

（5）完成右前片：在左侧公主线处固定腰口，腰部宽出量自然垂下叠成波浪状；留出 1.5cm 缝份，清剪侧缝余料。注意，臀围线以下保持竖直线，如图 8-47 所示。

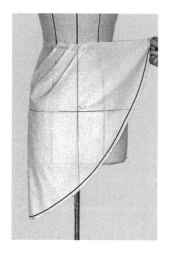
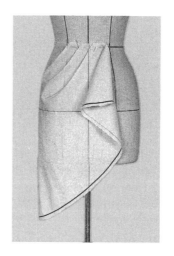

图 8-46　修剪下摆　　　　　　　　图 8-47　完成右前片

（6）固定左片：取备料Ⓑ，保持经纱线与前中线一致，固定前中线上、下点；保持纬纱线与臀围线一致，留出 0.5cm 松量，固定左侧臀位，如图 8-48 所示。

（7）别腰省：理顺腰部松量，在适当位置掐出腰省；腰部打剪口，折别腰省，如图 8-49 所示。参考原型裙前片的操作方法与要求。

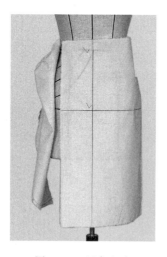
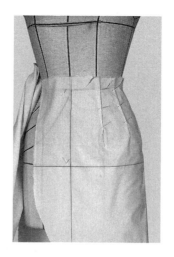

图 8-48　固定左片　　　　　　　　图 8-49　别腰省

（8）完成前片：将左、右片正常叠合，根据右片造型，在左片上对称贴出下摆造型线，要求整条弧线圆顺；留出 2cm 贴边，清剪下摆余料；留出 1.5cm 缝份，清剪侧缝余料。注意，臀围线以下保持竖直线，如图 8-50 所示。

（9）完成后片：取备料Ⓒ，参考原型裙后片的操作方法，收腰省完成后片，如图 8-51 所示。

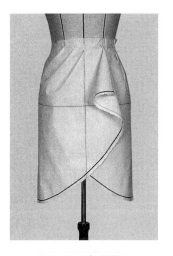

图 8-50　完成前片　　　　　　　　　图 8-51　完成后片

（10）别合侧缝：顺直别合左、右侧缝，圆顺、折净下摆及门里襟贴边，如图8-52 所示。

（11）装腰头：取备料Ⓓ，扣烫好腰头，与裙片腰口别合。注意，从左片里襟位开始装起，如图 8-53 所示。

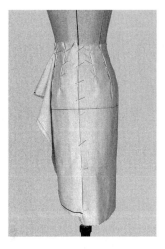

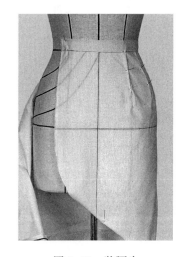

图 8-52　别合侧缝　　　　　　　　　图 8-53　装腰头

（12）完成褶裥裹裙：全方位观察造型，如图 8-54~图 8-56 所示。确认效果满意后，关键点、对位点及轮廓做标记。

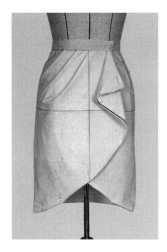

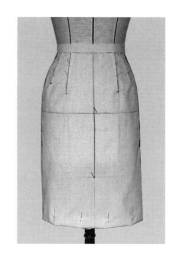

图 8-54　正视图　　　　　　图 8-55　侧视图　　　　　　图 8-56　后视图

（13）裁片修正：从人台上将裙片取下，各结构线进行调整，得到完整的裁片，如图 8-57 所示。确认后拷贝纸样备用。

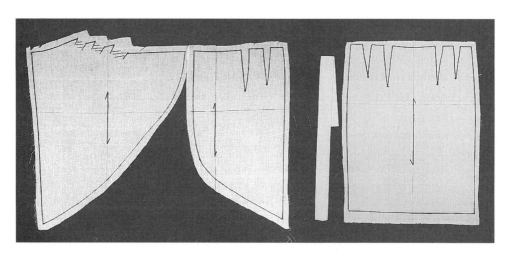

图 8-57　裁片

二、辐射裥裙

（一）款式说明

此款裙装裙长及膝，另装窄腰头，前片腰部收弧形省，省与侧缝间有横向袋口，袋口下有三个辐射裥；后片左右各收两个腰省，后中腰口处装拉链，下摆开衩，如图 8-58 所示。

（二）材料准备

（1）人台准备：按照款式要求，在人台上贴出弧形省、辐射裥及袋口的标记，如

图 8-59 所示。注意，第三裥距离省尖需要 5cm 左右。

（2）备料：分析款式，准备大小合适的坯布，将撕好的布料烫平、整方，分别画出经、纬纱向线，具体要求如图 8-60 所示。

图 8-58　辐射裥裙款式图

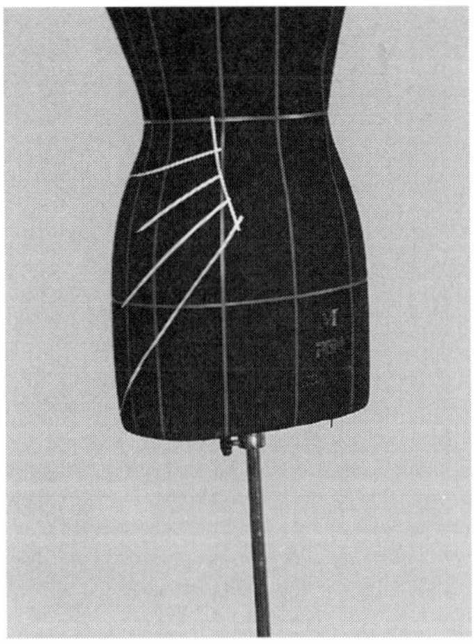

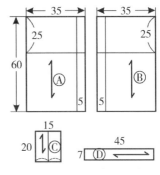

图 8-59　贴标记带

图 8-60　辐射裥裙备料图

（三）操作过程及要求

（1）固定前片：取备料Ⓐ，经、纬纱线分别对齐前中线与臀围线，固定前中线，臀围留 1.5cm 松量，固定侧缝，如图 8-61 所示。

（2）折第三个裥：固定腰口处省位，剪开弧形省至距省尖 2cm 处，注意上端省缝留 1cm、下端省缝只留 0.5cm；沿最下面一个裥的标记线向上折，折进 6cm，理顺明折边，横别固定，如图 8-62 所示。

（3）完成褶裥：根据标记依次折出上面两个裥，裥量递减 1.5cm，理顺明折边，折口处横别固定上口；沿标记线修剪并折净袋口，如图 8-63 所示。

图 8-61　固定前片

图 8-62　折第三个裥

图 8-63　完成褶裥

（4）别合腰省：修剪省位余料，别合弧形省下半部分，如图 8-64 所示。

（5）固定袋口侧片：取备料Ⓒ，经纱线对齐前宽标记带，固定袋口侧片，袋宽取 13cm、袋深取 18cm，修剪余料，如图 8-65 所示。

图 8-64　别合腰省

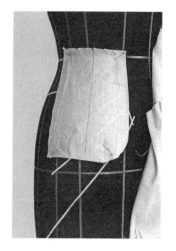
图 8-65　固定袋口侧片

（6）别合侧片：翻下前片，对齐标记，固定袋口，别合弧形省上半部分。注意保持省线顺直，如图 8-66 所示。

（7）完成后片：取备料Ⓑ，参考原型裙的操作方法，收腰省完成后片，如图 8-67 所示。

图 8-66　别合侧片

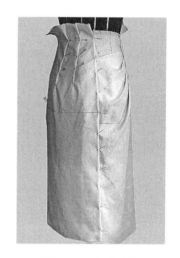
图 8-67　完成后片

（8）整体造型：取备料Ⓓ制作腰头，折净底边，完成整体造型，进行全方位观察，如图 8-68～图 8-70 所示。确认效果满意后，于关键点、对位点及轮廓做标记。

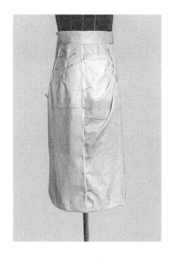

| 图 8-68　正视图 | 图 8-69　侧视图 | 图 8-70　后视图 |

（9）裁片修正：从人台上将裙片取下，各结构线进行调整，得到完整裁片，如图8-71所示。确认后拷贝纸样备用。

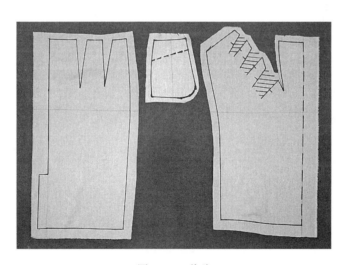

图 8-71　裁片

第四节　组合造型半身裙的立体裁剪

组合造型的半身裙，裙身分割为几个部分，每一部分具有独立的造型，各部分组合为和谐的整体造型。立体裁剪操作时，根据款式依次完成各部分造型。

一、育克裙

(一) 款式说明

此款式腰臀部基本合体，裙长至膝上，低腰，横向分割育克，裙身呈 A 型，前、后公主线位置左右对称有暗裥，如图 8-72 所示。

(二) 材料准备

（1）人台准备：按照款式要求，在人台上贴出腰口与育克分割的标记，如图 8-73 所示。腰口与腰围线平行向下 3cm，分割线在新腰口与臀围线间居中的位置。

（2）备料：分析款式，准备大小合适的坯布，将撕好的布料烫平、整方，分别画出经、纬纱向线，具体要求如图 8-74 所示。

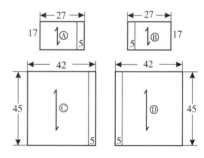

图 8-72　育克裙款式图　　图 8-73　贴标记带　　图 8-74　育克裙备料图

(三) 操作过程及要求

（1）固定前育克：取备料Ⓐ，下口低于分割线 3cm，经向线对齐前中线，固定前中；围度方向平行留 0.5cm 松量，固定侧缝，如图 8-75 所示。

（2）修剪育克：留 2cm 缝份，修剪腰口余料，打斜向小剪口；修剪下口，完成前育克，如图 8-76 所示。

（3）完成后育克：取备料Ⓑ，按相同方法与要求完成后育克，如图 8-77 所示。

（4）固定前裙片：取备料Ⓒ，经向线对齐前中线，分割线标记以上留 8cm 固定前中线及公主线位，如图 8-78 所示。

（5）留暗裥量：公主线处约留 12cm 余量临时固定，沿分割线将余量推至下摆（留 0.5cm 松量），固定侧缝，如图 8-79 所示。

图 8-75　固定前育克

图 8-76　修剪育克

图 8-77　完成后育克

图 8-78　固定前裙片

图 8-79　留暗裥量

（6）修剪前裙片：沿公主线向内对称折进余量，固定褶裥上口，理顺折线，臀围线上 2cm 处单针两侧横别固定（注意保留围度松量）；留 2cm 缝份修剪分割线上口，为保持 A 造型，修剪侧缝时上部留 2cm、下部留 5cm，自然过渡剪顺，如图 8-80 所示。

（7）别合裙片：取备料①，以相同方法与要求完成后裙片（修剪侧缝时要求与前裙片对称）；前、后裙片分别上压下折别育克分割线，注意保持线条顺直、侧缝处前后对合。前压后折别侧缝，先对合分割线并固定该位置，向上别合育克部分，向下别合下摆，左手拉直侧缝，右手调整前裙片折进量以及与后裙片的搭合量，确认整条侧缝顺直后大间距别合，退后并面对侧缝观察，再次确认侧缝位置正常（没有前后偏移）且顺直向下后，继续等间距别合，如图 8-81 所示。

图 8-80　修剪前裙片

图 8-81　别合裙片

（8）整体造型：沿水平方向做裙长标记，留 3cm 贴边修剪下摆，折净底边与腰口，完成整体造型，进行全方位检查，如图 8-82~图 8-84 所示。

图 8-82　正视图

图 8-83　侧视图

图 8-84　后视图

（9）裁片修正：从人台上取下裙片，进行平面修正，得到的裁片如图 8-85 所示。确认后拷贝纸样备用。

二、鱼尾裙

（一）款式说明

此款裙装纵向分割成六片，上半部分造型合体，下半部分围度突然变大，形成鱼尾造型，如图 8-86 所示。

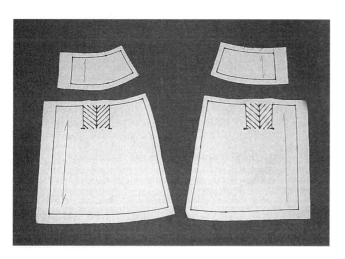

图 8-85　裁片

图 8-86　鱼尾裙款式图

（二）材料准备

准备大小合适的坯布，将撕好的布料烫平、整方，分别画出经、纬纱向线，具体要求如图 8-87 所示。

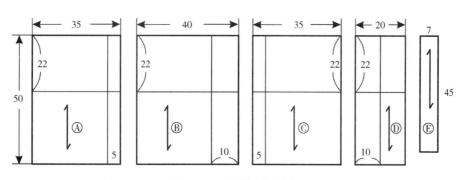

图 8-87　鱼尾裙备料图

（三）操作过程及要求

（1）固定前中片：取备料Ⓐ，经、纬线分别与人台臀围线和前中线对齐，固定上、下点；保持纬纱线与臀围线一致，如图 8-88 所示。

（2）预留松量：在公主线处固定臀围，需留出 0.5cm 松量，腰围留 0.2cm 松量，固定公主线，腰部打剪口，如图 8-89 所示。

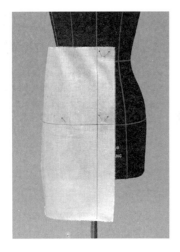

图 8-88　固定前中片

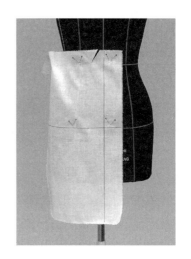

图 8-89　预留松量

（3）修剪：臀围线以上、公主线以外留 2cm 修剪余量，布料自然下垂，形成集中的波浪，如图 8-90、图 8-91 所示。

图 8-90　修剪

图 8-91　下摆波浪形成

（4）固定前侧片：取备料Ⓑ，纬向辅助线对齐臀围线，经向线保持竖直，前公主线外侧留 5cm，十字位置固定，如图 8-92 所示。

（5）预留前侧片松量：臀围留松量 0.5cm，腰围留松量 0.2cm，腰部打剪口后固定腰口两点和臀围两点，如图 8-93 所示。

（6）修剪余料：修剪腰口，臀围线以上、公主线处的缝份，如图 8-94 所示。

图 8-92　固定前侧片

图 8-93　预留前侧片松量

图 8-94　修剪余料

（7）搭别连接：搭别公主线至臀围线处，注意保留腰臀处松量，臀围线处缝份打剪口，前片余量自然下垂，整理波浪造型，确定别合位置，如图 8-95 所示。

（8）折别连接：修剪前中片多余量，折别公主线，如图 8-96 所示。

图 8-95　搭别连接

图 8-96　折别连接

（9）修剪侧缝余料：修剪臀围线以上、侧缝线以外的余料，留出约 2cm 缝份，如图 8-97 所示。

（10）制作后片：取备料Ⓒ，用与前片类似的方法制作后片，如图 8-98 所示。

（11）固定后侧片：取备料Ⓓ，纬向辅助线对齐臀围线，经向线在覆盖区域中间保持竖直，十字固定位置，如图 8-99 所示。

图 8-97 修剪侧缝余料

图 8-98 制作后片

图 8-99 固定后侧片

（12）预留后侧片松量：臀围留松量 0.5cm，腰围留松量 0.2cm，腰部打剪口后固定腰口两点和臀围两点，如图 8-100 所示。

（13）修剪：修剪后侧片公主线、腰口以及侧缝处余量。完成后侧片的制作，如图 8-101 所示。

（14）别合裙片：在臀围线处的缝份打剪口，并适当用力拉开，使造型过渡自然；将各分割线折别固定，注意保持腰臀部位的松量；全方位观察造型，带紧的部位略放、松弛的部位略收，确保造型均匀，下摆修剪水平，如图 8-102 所示。

图 8-100 预留后侧片松量

图 8-101 修剪

图 8-102 别合裙片

（15）完成造型：取备料Ⓔ制作并固定腰头，折回下摆贴边并固定，完成六片式鱼尾裙造型，如图 8-103～图 8-105 所示。确认效果满意后，做轮廓线及各片对位点标记。

图 8-103　正视图　　　　　图 8-104　侧视图　　　　　图 8-105　后视图

（16）裁片修正：从人台上取下裙片，进行平面修正，得到的裁片如图 8-106 所示。确认后拷贝纸样备用。

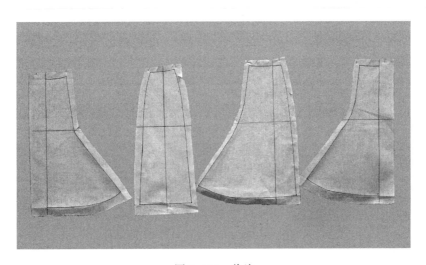

图 8-106　裁片

（四）拓展设计

鱼尾裙的造型可以通过纵向分割裙身实现，也可以通过横向分割实现。上、下两部分用原型裙及圆裙组合的方式实现鱼尾效果，不同长度比例搭配有不同的效果；也可以将水平分割线稍做变化，如前高后低的分割，可实现前短后长的鱼尾效果，如图 8-107所示。

另外，也可以通过插片实现鱼尾造型。将直筒裙下摆处加入扇形插片，插片的高度、角度、数量都可变化，也可以做一些不规则的设计，从而体现更丰富的外观。

参照以上操作方法，选择图中任一款式，独立完成。

图 8-107 鱼尾裙的变化款式

课后练习

参考本章的操作方法，在图 8-108 中任选一款，独立完成裙装的立体造型设计。

图 8-108 半身裙款式图

专业知识及专业技能

本章内容： 1. 连衣裙的造型设计

2. 收省式连衣裙的立体裁剪

3. 横向分割式连衣裙的立体裁剪

4. 多向分割式连衣裙的立体裁剪

教学时间： 8 课时

教学提示： 本章主要针对连衣裙造型进行立体设计，旗袍作为合体式的代表款式，通过收省实现造型，充分体现了收省的作用。省位的选择及省量的确定是重点也是难点，可以通过左右片不同处理效果的对比，让学生直观地感受到最佳效果的确定方案，从而积累把握造型的经验。腰围线分割式连衣裙主要体现腰位横向分割对合体造型的重要性，前身另加的装饰基于合体造型，又加入恰当的夸张，从而丰富和美化了造型，操作时需要准确把握合体感及相对夸张的立体感。第三款连衣裙综合了纵横向分割线，裙摆有叠裥，袖子是设计感体现的焦点，也是该款式的难点。

教学要求： 1. 掌握连身式合体衣片收省的操作方法。

2. 掌握连衣裙纵向分割与横向分割的操作方法。

3. 熟悉连衣裙各部位放松量的基本要求。

4. 具备一定的塑造合体造型的能力。

5. 具备一定的塑造夸张造型的能力。

6. 具备一定的独立操作能力。

第九章　连衣裙的造型设计与立体裁剪

第一节　连衣裙的造型设计

连衣裙是一种上衣与裙子相连的服装，可单独穿用，也可以与其他服装搭配穿着。连衣裙的设计实际上是上衣与裙子的综合设计，领、袖、衣身、裙子等局部设计，均可参照上衣与裙子的局部设计进行。

一、廓型设计

连衣裙的基本廓型有：H型、X型、A型、V型、Y型，如图9-1所示。这五种廓型作为基本型，再加上内部结构设计以及装饰细节的变化就可以形成多种多样的设计。

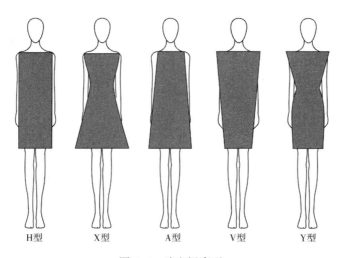

图9-1　连衣裙廓型

二、分割线设计

分割是连衣裙设计的常用手法，不同的分割，能使连衣裙呈现明显不同的特征。常用的分割方法有如下几种。

（一）横向分割

横向分割线可放置在衣片从上到下的各个位置上。如图9-2所示，首先在上部最常用的位置是肩部育克位，肩部育克位不被流行所左右，在日常生活中常用；高腰分割线最常使用的位置是胸下围线；正常腰围分割线是使用最多的基本分割线；低腰分割线一般设定在胯骨到臀围线附近，如果分割线放置在臀围线区域，视觉上为了达到拉长的效果，需要注意和裙长的平衡，全身比例的协调等；下摆附近做分割线时，一般会加褶边或更换配色等装饰性处理。下面以腰部分割线为例，说明横向分割线的设计。

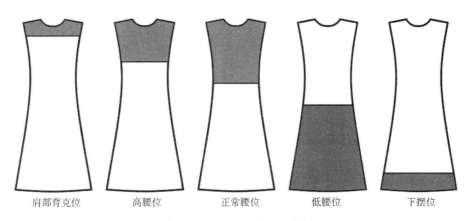

肩部育克位　　　高腰位　　　正常腰位　　　低腰位　　　下摆位

图 9-2　不同位置的横向分割

（1）正常腰位：分割线设在人体正常腰位，使人感到亲切、大方。由于分割位置比较适中，因此应注意裙子的面积与上衣面积之间的比例关系，一般情况下，应使裙子的面积大于上衣面积，这样整体才能产生平衡的美感。

（2）高腰位：分割线设在人体正常腰位以上，能强调人体胸部，使人显得精神；同时，还有增加身高的错视作用。这类裙子在腰位线以上一般比较贴紧人体。而裙子下摆展开，一紧一松的对比会产生洒脱、飘逸的美感，这类连衣裙衣短裙长，衣裙之间面积差较大。

（3）低腰位：分割线设在人体正常腰位以下，能引导人的视线下移，有降低高度的错视作用。这类连衣裙衣长裙短，衣裙之间面积差一般也比较大，上衣不适宜做合体处理，因此常见于休闲运动款式。

（二）纵向分割

连衣裙沿上下方向做各种分割，如公主线分割、中心线分割、刀背线分割、斜线和弧线分割等，均属于这一类，如图 9-3 所示。利用纵向分割线可以塑造身体曲线并满足收腰扩摆的设计要求。由于错视作用，这一类型的连衣裙在视觉上可以产生拉长人体的感觉。为了增强这一效果，可以运用纽扣、滚边、图案、缉线等装饰手法，强调分割线。

（三）多向分割

运用纵横交错的多向分割，能调节单向分割的错觉和单调，使整体设计更加富于变化，但同时要注意比例原则的掌握。如图 9-4 所示，该款连衣裙同时运用了横向、纵向、斜向等多条分割线，使服装节奏变化更丰富。

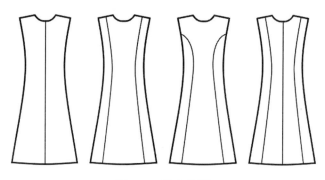

图 9-3　纵向分割

（四）无分割

如果选用无弹性面料，无分割连衣裙无法实现合体造型，适用于 A 型、H 型等均匀造型，具有简洁、完整的美感，如图 9-5 所示。

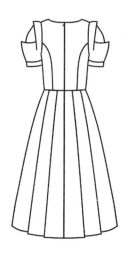

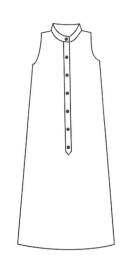

图 9-4　多向分割　　　　　　图 9-5　无分割

三、开口设计

连衣裙是连接上衣与下裙的整体服装，要实现腰部合体，则需要设计从胸围贯通到臀围附近的开口，如果领口偏小，也需要考虑开口，是否将领口开口与腰身开口合并，可根据实际设计款式而定。如图 9-6 所示，常见的开口位置是前中、后中、侧缝，具体的开口方式，在前中的开口可以是衬衫式全开门襟，也可以是半开门襟，有一定的装饰效果，也可以像半身裙一样在侧缝或后中采用隐形拉链开口，可以达到隐藏开口的效果。

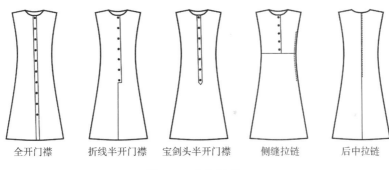

全开门襟　　折线半开门襟　　宝剑头半开门襟　　侧缝拉链　　后中拉链

图 9-6　连衣裙开口

第二节　收省式连衣裙的立体裁剪

腰部无分割的合体式连衣裙，可以通过收胸省及腰省实现造型。本节以旗袍为例，说明收省式连衣裙的立体裁剪过程。

（一）款式说明

该款旗袍造型合体，长及小腿。下落的圆角高立领，露半肩；前身弧线分割，右侧开门襟至臀围，前中有胆形镂空，左右对称收腰省各一；后身左右各收两个腰省，两侧开衩至臀膝之间，如图 9-7 所示。

（二）材料准备

（1）人台准备：按照款式要求，在人台上贴出需要的标记带，如图 9-8 所示。注意根据比例确定造型线的位置与走向。

图 9-7　旗袍款式图　　　　　图 9-8　贴标记带

（2）备料：分析款式，准备大小合适的坯布，将撕好的布料烫平、整方，分别画出经、纬纱向线，具体要求如图9-9所示。

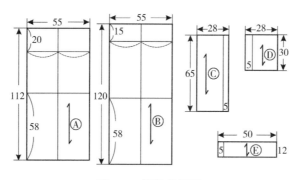

图9-9　旗袍备料图

（三）操作过程及要求

1. 制作前片

（1）前中片掐别腰省：取备料Ⓐ，经、纬纱线分别对齐前中线与胸围线标记，固定前中线上、下点，注意纵向留足吸腰量；胸围留2cm松量，臀围留1.5cm松量，固定右侧缝；在公主线位掐别腰省，保留腰围松量1.5cm，如图9-10所示。注意省位的选择，否则会影响整体收腰的感觉，可以在公主线区域调整并观察造型效果，培养造型感觉。

（2）别合胸省：粗剪领口，固定肩线，取下侧缝上点固定针，袖窿留1cm松量，将余量推至腋下，重新固定侧缝上点；侧缝处余量即为胸省量，沿标记向上折进别合胸省；腰省中部打多个斜剪口后折别；留2cm修剪侧缝与门襟，侧缝腰部打剪口，门襟前中胆形镂空沿标记带做记号，将来取下裙片后左右双折修剪，确保对称，如图9-11所示。

（3）固定前侧片：取备料Ⓒ，经纱线对齐前中线，上口比齐人台顶部，依次固定前中线上下点、颈肩点（修剪领口留0.3cm松量）、肩端点；袖窿留出1cm松量，固定侧缝上点，余量推至腰位，固定侧缝下点；留2cm修剪袖窿、肩线与侧缝，如图9-12所示。

（4）完成前侧片：与前中片错开位置别合腰省，先用针别出内口弧线，然后留2cm修剪余料，完成前侧片，如图9-13所示；做全标记，取下前中片，对称裁出左半部分，别合省道。

2. 制作后片

（1）掐别后省：取备料Ⓑ，经、纬纱线分别对齐后中线与肩胛线标记，纵向留足吸腰量固定后中各点；左右胸围松量各2cm，臀围松量各1.5cm，固定右侧缝；领口留0.3cm松量，固定颈肩点，肩部余量推至袖窿作为松量，固定肩端点；公主线处掐第一省，背宽线内侧1cm处掐第二省（以右侧为准），两省中间位保持经纱向，腰围松量左右各1.5cm，如图9-14所示。

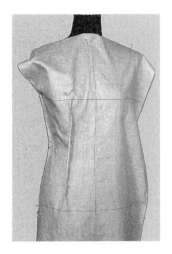

图 9-10　掐别腰省

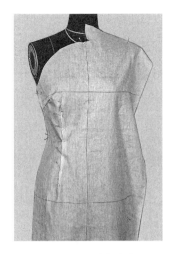

图 9-11　别合胸省

图 9-12　固定前侧片

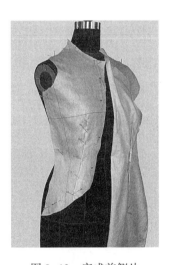

图 9-13　完成前侧片

图 9-14　掐别后省

（2）完成后片：腰部省缝打剪口，折进别合；修剪四周余量，完成后片，如图 9-15所示。

3. 衣片成型

右侧裙片分别做轮廓线及对位点标记，注意前右侧片上需要做门襟造型的标记；将裙片取下，对称裁出前、后片的左半部分（前片剪出胆形镂空），拷贝各省标记，取备料①拷贝制作左侧片，左侧片下口比右侧片门襟标记平行下落 5cm 裁剪；别好各片省道，别合门襟、肩缝与侧缝，折净底边与袖窿，完成衣身部分，如图 9-16 所示。注意侧缝别合至人台底部，以下留出开衩。

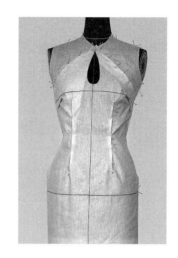

图 9-15　完成后片　　　　　　　图 9-16　完成衣身

4. 制作领片

（1）别合立领：取备料Ｅ，参考第五章下落型立领的制作方法固定装领线，根据款式别出前领止口形状，如图 9-17 所示。

（2）完成立领：修剪领止口，做装领线、止口线与颈侧对位点的标记后取下，对称裁出左领部分；折别装领线，折净领止口，完成立领，如图 9-18 所示。

图 9-17　别合立领　　　　　　　图 9-18　完成立领

5. 整体造型

完成整体造型，进行全方位检查，如图 9-19~图 9-21 所示。确认效果满意后，做轮廓线、对位点、定位点的标记。

图9-19　正视图　　　　　　　图9-20　侧视图　　　　　　　图9-21　后视图

6. 裁片修正

从人台上将全部衣片取下，各结构线进行调整，得到的裁片如图9-22所示。确认后拷贝纸样备用。

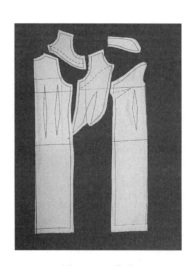

图9-22　裁片

第三节　横向分割式连衣裙的立体裁剪

合体式连衣裙，在腰位横向分割后，胸省也可以一并收在腰部，方便操作。本节以抹胸连衣裙为例，说明横向分割式连衣裙的立体裁剪过程。

（一）款式说明

此款连衣裙为 X 造型，腰围线处横向分割，裙长及膝。内裙合体，低落的横领口，前中略有凹进；腰部收省，下部裙装前后左右各收两省，右侧缝开口装拉链；前身外加装饰，上身有两条从胸部到腰中区的弧形裥，左右对称呈桃心造型；下部腰口左右对称折叠较大量的环形裥，形成夸张的造型，下摆短于内裙，装饰部分由腰带与内裙固定，如图 9-23 所示。

（二）材料准备

（1）人台准备：按照款式要求，在人台上贴出内裙上口的标记带，如图 9-24 所示。

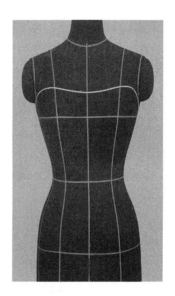

图 9-23　抹胸连衣裙款式图　　　　　图 9-24　贴标记带

（2）备料：分析款式，准备大小合适的坯布，将撕好的布料烫平、整方，分别画出经、纬纱向线，具体要求如图 9-25 所示。其中Ⓖ、Ⓗ两片布料需要全粘非织造黏合衬。

（三）操作过程及要求

1. 制作内裙

（1）固定前片：取备料Ⓐ，画好的经纱线对齐胸围标记线，纬纱线对齐前中标记线，固定上部中点及两侧，捋顺中线，固定前中腰部；胸围不留松量，从两侧由上而下将余量全部推至腰部，固定侧缝下点，如图 9-26 所示。

（2）修剪前片：左、右腰部各留 1.5cm 松量，折别腰省；四周留 2cm 缝份修剪，如图 9-27 所示。

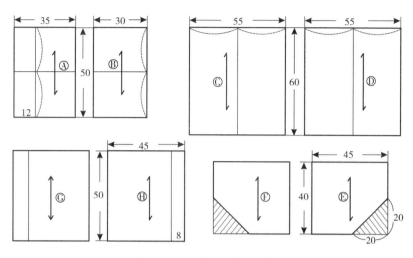

图9-25　抹胸连衣裙备料图

（3）固定后片：取备料Ⓑ，纬纱线比齐后中标记线，理顺布料，固定后中上、下点；上口不留松量，理顺后固定两侧缝上点；腰围线以下打剪口，左、右腰部各留1.5cm松量，理顺布料，固定两侧缝下点，如图9-28所示。

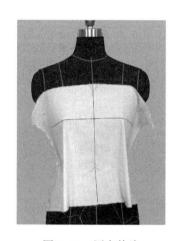

图9-26　固定前片

图9-27　修剪前片

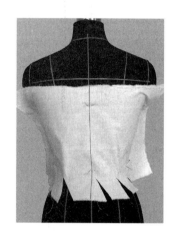

图9-28　固定后片

（4）修剪后片：四周留2cm缝份修剪余料，如图9-29所示。

（5）完成内裙：取备料Ⓒ、Ⓓ，参考裙原型的操作方法完成下部内裙，上压下折别固定腰口处，折净并固定上口及下摆，完成内裙，如图9-30所示。

2. 制作衣身装饰

（1）贴标记线：在内裙上贴出弧形裥的标记线。注意弧线走向，要考虑到左右对称后的完整效果，如图9-31所示。

（2）固定衣片：取备料Ⓔ，画线比齐前中标记线，固定上、下点；第一裥上口处折叠约6cm临时固定，注意留出上口折转止口形成空间的纵向余量，如图9-32所示。

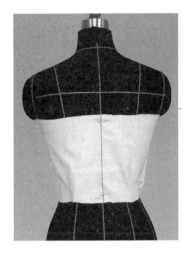

图 9-29　修剪后片

图 9-30　完成内裙

图 9-31　贴标记线

图 9-32　固定衣片

（3）固定第一裥：沿标记线理顺第一裥，下点约折叠 4cm 固定，观察褶裥的外观效果，必要时可以调整上下点的折叠量及固定位置；褶裥效果满意后，在其外侧中区与内裙临时固定，避免折第二裥时影响其效果，如图 9-33 所示。

（4）固定第二裥：第二裥上口处折叠约 8cm 临时固定，同样注意留出折转止口形成空间的纵向余量；沿标记线理顺褶裥，下点约折叠 4cm 固定，观察褶裥的外观效果，必要时也可以调整上下点的折叠量及固定位置；确认褶裥效果后，胸围不留松量，腰围留 2cm 松量，分别固定侧缝上、下点，如图 9-34 所示。

（5）完成衣身装饰：将腰口缝份打剪口，四周留 3cm 修剪余料；折净前中及上口，注意保留褶裥上口的折转空间，感觉折转效果不满意时，可以微调折叠量或固定点，如图 9-35 所示。

图 9-33　固定第一裥　　　　　图 9-34　固定第二裥　　　　　图 9-35　完成衣身装饰

3. 制作裙身装饰

（1）固定裙片前中：取备料Ⓖ，平铺于左侧裙身，上口超出腰围线大约 5cm，画线比齐前中标记线，固定上点，如图 9-36 所示。

（2）固定侧缝：将备料Ⓖ沿前中线翻转至右侧，臀围留出约 15cm 松量，侧缝余料向内折转，在腰部固定，与内裙间形成一定的空间，如图 9-37 所示。

（3）固定环形裥：在腰口中区相对折叠余量并固定，形成环形裥，如图 9-38 所示。

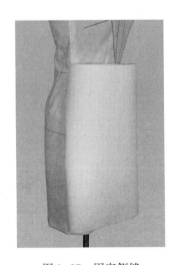

图 9-36　固定裙片前中　　　　图 9-37　固定侧缝　　　　　图 9-38　固定环形裥

（4）完成装饰：腰口与上身搭别固定（下压上），下摆折进 4cm 固定，完成前身装饰，如图 9-39 所示。

4. 裁片

做好整个连衣裙所有的关键点标记，从人台上取下裙片，调整各结构线，得到内裙裁片（以右侧为准），如图 9-40 所示，前身装饰裁片如图 9-41 所示，并拷贝纸样备用。

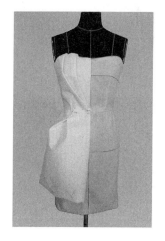

图 9-39　完成装饰

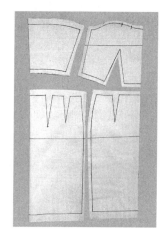

图 9-40　内裙裁片

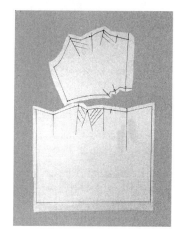

图 9-41　装饰裁片

5. 整体造型

取备料Ⓕ、Ⓗ，对称裁剪左侧装饰并别合，加入 5cm 宽腰带（右侧缝开口），完成整体造型，如图 9-42~图 9-44 所示。注意前中拼合，左右不连接。

图 9-42　正视图

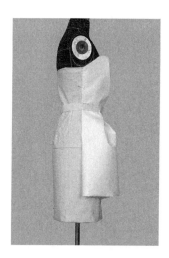

图 9-43　侧视图

图 9-44　后视图

第四节　多向分割式连衣裙的立体裁剪

多向分割合体式连衣裙，其中有的分割线是收腰造型所需，有的是款式装饰效果所需。本节以花式袖连衣裙为例，说明多向分割式连衣裙的立体裁剪过程。

（一）款式说明

此款连衣裙为 X 造型，裙长过膝，左右对称。前中片连腰设计，与前侧片通过刀背线分割；后中分割缀拉链，后身同样为刀背分割；裙身前侧区直到后中有 5 个顺向裥；加大的圆领口；花式短袖，带袖克夫，袖身宽松，如图 9-45 所示。

图 9-45　多向分割式连衣裙款式图

（二）材料准备

（1）人台准备：按照款式特征，在人台上贴标记带，明确领口、袖窿、分割线、腰围线以及裥的位置，如图 9-46、图 9-47 所示。

 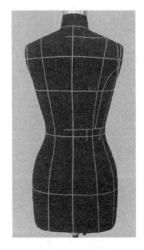

图 9-46　贴标记带（前）　　　图 9-47　贴标记带（后）

（2）备料：分析款式，准备大小合适的坯布，将撕好的布料烫平、整方，分别画出经、纬纱向线，具体要求如图 9-48 所示。

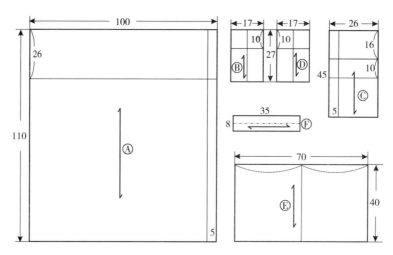

图 9-48　多向分割式连衣裙备料图

（三）操作过程及要求

1. 制作前中片

（1）固定前片：取备料Ⓐ，对好标记线后固定前中线上、下点与胸点，胸点与前中线间保留少量松量，如图 9-49 所示。

（2）修剪领口与肩线：铺平胸上部，按照标记线位置修剪领口，固定肩线并修剪肩部余料，如图 9-50 所示。

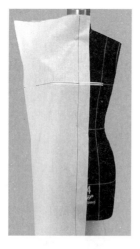

图 9-49　固定前片

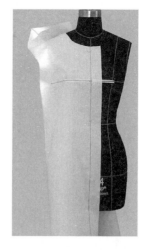

图 9-50　修剪领口与肩线

（3）修剪上段袖窿：修剪刀背分割线以上部分的袖窿，保留少量松量，如图 9-51 所示。

（4）修剪刀背线：固定刀背线与腰部分割线的交点，在前片的腰围处保留 0.5cm

松量，沿刀背线修剪衣片至腰部分割线上 2cm 处，如图 9-52 所示。

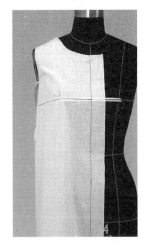
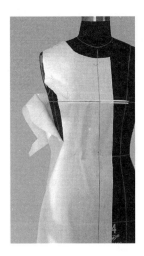

图 9-51　修剪上段袖窿　　　　　　　图 9-52　修剪刀背线

（5）横向剪开：沿腰部分割线，向侧缝方向横向剪开 10cm，如图 9-53 所示。

（6）叠裥：将横向剪开量在腰部向前中方向叠裥，折边位置与刀背线对齐，裥的大小根据下摆所需而定，如图 9-54 所示。

（7）叠第二裥：继续沿腰部分割线修剪，边修剪边叠出第二裥，如图 9-55 所示。

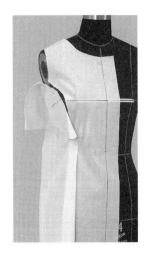

图 9-53　横向剪开　　　　　图 9-54　叠裥　　　　　图 9-55　叠第二裥

（8）依次叠裥：继续横向修剪，在腰部分割标定的位置依次叠裥到后中共 5 个，如图 9-56 所示。调整腰部各裥的大小和提拉高度，使下摆波浪均匀。

（9）标记裙底边：用标记线贴出后中线和底边位置，后中保持竖直，底边尽量水平，可从多个角度多次观察，如图 9-57、图 9-58 所示。

图 9-56　依次叠裥　　　　　图 9-57　标记后中　　　　　图 9-58　标记裙底边

（10）折净裙底边：按照标记位置修剪裙底边，折净后观察裙摆造型。裥的位置及大小尽量均匀，方向垂直于腰围线及底边，裙摆张开角度适当，如图 9-59～图 9-61所示。

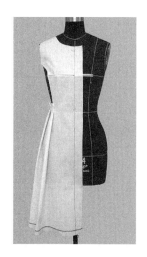
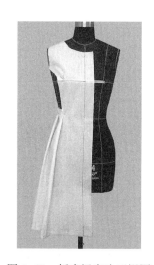

图 9-59　修剪裙底边　　　　图 9-60　折净裙底边正视图　　　图 9-61　后视图

2. 制作前侧片

（1）固定前侧片：取备料Ⓑ制作前侧片，坯布标记线对齐胸围线，保留 1.5cm 松量，固定上点，纵向保持竖直、固定，腰围留 1cm 松量，固定下点，如图 9-62 所示。

（2）修剪：在袖窿、胸围及腰围线上预留部分松量，固定四周，并修剪轮廓线，如图 9-63 所示。

（3）折别刀背线：折净侧片刀背缝份，压住前中片缝份折别连接固定，如图 9-64所示。

图9-62　固定前侧片　　　　图9-63　修剪　　　　图9-64　折别刀背线

3. 制作后片

（1）固定后中片：取后中片备料Ⓒ，纵向对齐后中线，固定上点。腰口后中偏出 1.5cm，固定下点。横向比齐肩胛线，留 1cm 松量并固定，如图 9-65 所示。

（2）修剪：袖窿上段留 0.7cm 松量，固定肩端点。捋顺肩线，固定领口点，修剪袖窿、肩线、后领口，如图 9-66 所示。

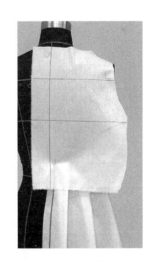

图9-65　固定后中片　　　　　　　图9-66　修剪

（3）固定腰部松量：腰部分割处水平掐取 0.5~1cm 松量，固定后刀背处。注意此时胸围线处也有部分松量，不能完全推平，可暂时用针固定松量，如图 9-67 所示。

（4）修剪刀背线：按照标记位置修剪后刀背线，如图 9-68 所示。

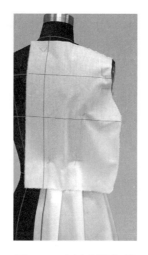

图 9-67　固定腰部松量　　　　图 9-68　修剪刀背线

（5）制作后侧片：取后侧片备料①，制作方法同前侧片，如图 9-69、图 9-70 所示。

（6）连接衣片：连接后侧片与后中片（后刀背），在侧缝处连接后侧片与前侧片（侧缝），如图 9-71 所示。

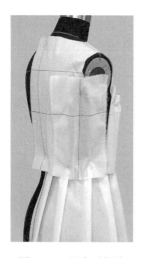

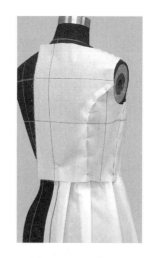

图 9-69　固定后侧片　　　图 9-70　修剪后侧片　　　图 9-71　连接衣片

（7）连接腰围线：将前侧片、后中片、后侧片在腰部分割处与裙片连接，连接时考虑腰部松量，连接平整后即形成完整的连衣裙造型，全方位观察，比对效果图并进行局部调整，如图 9-72~图 9-74 所示。

图 9-72　正视图　　　　图 9-73　侧视图　　　　图 9-74　后视图

4. 制作袖片

（1）固定袖片：取袖片备料Ⓔ，中线对齐肩线，留 2cm 缝份固定肩端点，如图 9-75所示。

（2）袖山顶点叠裥：在袖山顶点附近，前后分别叠裥，两裥相对并以一定角度对称在中线的两侧，如图 9-76 所示。

图 9-75　固定坯布　　　　　　图 9-76　袖山顶点叠裥

（3）整理环形裥：在前、后腋点处垂直向上拎布，并横向叠裥，在手臂外围形成环形裥，袖口呈回收趋势，用标记带贴出袖山弧线，如图 9-77~图 9-79 所示。

图 9-77　正视图　　　　　　图 9-78　侧视图　　　　　　图 9-79　俯视图

（4）打剪口：沿袖窿弧线修剪袖山头，剪至前、后裥的最深处，掀开袖片，露出反面的裥，沿袖窿修剪，如图 9-80、图 9-81 所示。

（5）拉开纵向裥量：放下袖片，在设定的袖口裥位打剪口，用于提拉纵向裥量，如图 9-82 所示。

图 9-80　打剪口　　　　　　图 9-81　沿剪口剪开　　　　　图 9-82　拉开纵向裥量

（6）掐出纵向裥：在布面上掐出纵向裥所需要的深度，并平铺于肩头，如图 9-83 所示。

（7）制作前侧纵向裥：与后侧纵向裥制作方法相同制作前侧纵向裥，如图 9-84 所示。

（8）连接前后裥：修剪前后肩部多余布料，对合前后肩部的裥，如图 9-85 所示。

图 9-83　掐出纵向褶　　　　图 9-84　制作前侧纵向褶　　　　图 9-85　连接前后褶

（9）修剪袖山：在前、后腋点处斜向打剪口，沿袖窿修剪袖山线，修剪下端余量，卷回袖筒，如图 9-86 所示。

（10）标记袖口：用标记带贴出袖口位置，如图 9-87 所示。

图 9-86　修剪袖山　　　　　　　图 9-87　标记袖口

（11）修剪袖口：折别固定袖山和袖窿，沿标记带修剪袖口，如图 9-88 所示。

（12）连接袖克夫：取备料Ⓕ制作袖克夫，袖口少量收缩，和袖克夫别合，袖克夫宽 2.5cm，如图 9-89 所示。

图 9-88　修剪袖口　　　　　　　　　图 9-89　连接袖克夫

5. 完成造型

打剪口，折净领口，完成该款连衣裙的完整造型，如图 9-90~图 9-92 所示。进行全方位检查，效果满意后，做出轮廓线、对位点标记。

图 9-90　正视图　　　　　　图 9-91　侧视图　　　　　　图 9-92　后视图

6. 修正裁片

从人台上取下裙片，调整各结构线，得到平面裁片，如图 9-93 所示。确认后拷贝纸样备用。

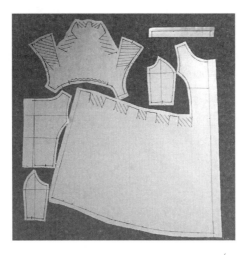

图 9-93　平面裁片

课后练习

　　参考本章的操作方法，选择图 9-94 中任一款式，独立完成连衣裙立体造型设计。

图 9-94　连衣裙款式图

专业知识及专业技能

本章内容：1. 面料的缩聚设计及应用
          2. 面料的附加设计及应用
          3. 面料的破拆设计及应用

教学时间：8 课时

教学提示：本章主要介绍面料的造型设计，列举了一些常用的塑型方法及装饰技巧，为后续的整体设计提供装饰基础。通过对各种材料进行塑造、加工，改变其原有外观，创造出全新的形式，使材料呈现丰富多彩、富有独特形态感和装饰性的外观效果，同时增加服装设计的层次感、浮雕感、立体感，强化视觉效果，丰富服装细节。

教学要求：1. 对面料的造型设计有一个感性的认识和理性的理解，能够举一反三。
          2. 了解并掌握课堂讲授的面料造型设计与应用的分类及方法。
          3. 掌握典型的局部装饰的操作方法。

第十章 面料的造型设计及应用

面料是服装的基本要素，通过面料的缩聚、表面装饰物的附加以及局部的破拆，对面料进行二次设计，可以改变其平面的状态，形成丰富的具有立体感的外观，在立体裁剪中常用于局部造型的设计。

第一节 面料的缩聚设计及应用

面料的缩聚设计是对整块的面料进行收缩定型，使平面转化为起伏的立体效果，形成丰富的外观。

一、绣缀法

绣缀法是在面料上定点，通过手工缝缀，使对应点聚拢并固定的方法。成型后，表面形成单元式组合的褶纹，呈现凹凸、旋转、生动活泼的效果。其纹理立体感突出，有很强的视觉冲击力。绣缀法所使用的材料要求可塑性好，具有适当的厚度与光泽度，如丝绒、天鹅绒、涤纶长丝织物等。绣缀方法不同，成型的表面纹理不同，有规则的，也有随机的。

（一）操作过程

（1）备料：准备一块边长为 20cm 的正方形样布，在布的反面以一定间距画好点影，间距的大小决定一个单元花型的大小，练习时可以取 2cm；有些花型需要斜向网格，有些需要正方格，如图 10-1 所示。

 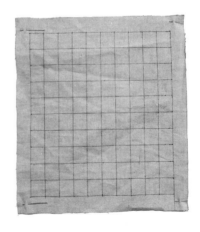

图 10-1 画点影图

（2）缝制：缝制时每个单元取点的个数、顺序不同，完成的表面效果不同。下面介绍几种常用花型的绣缀方法，如表 10-1 所示。

表 10-1　常用的绣缀方法

花型	操作方法说明	缝制图示	成品效果
人字纹	①按右图 1—2—3—4 的顺序挑缝，每针的针距为 0.2 ~ 0.3cm；缝完之后抽紧，再回针一次，完成一个单元　②从 4—5 将线顺势拉过来，不收紧，5—6—7—8 重复进行下一个单元　③纵向完成一列后再起一列，从右至左依次完成	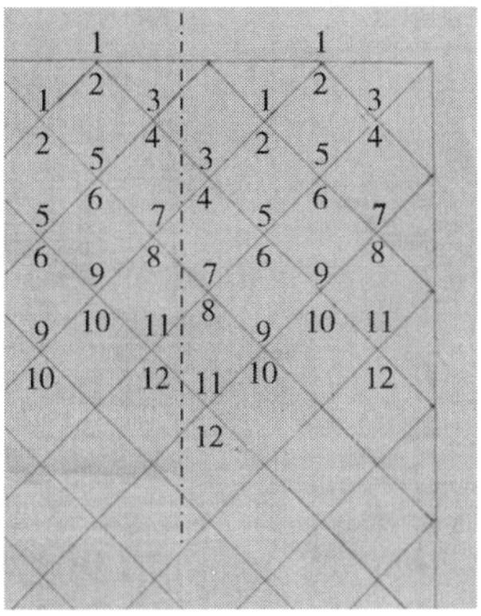	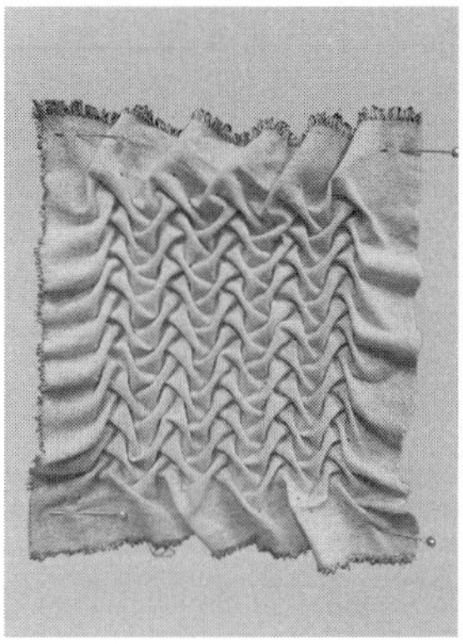
水波纹	①按右图 1—2—3—4 的顺序挑缝，每针的针距为 0.2 ~ 0.3cm；缝完之后抽紧，再回针一次，完成一个单元　②从 4—5 将线顺势拉过来，不收紧，5—6—7—8 重复进行下一个单元　③纵向完成一列后再起一列，每一列与前一列对称缝制，从右至左依次完成	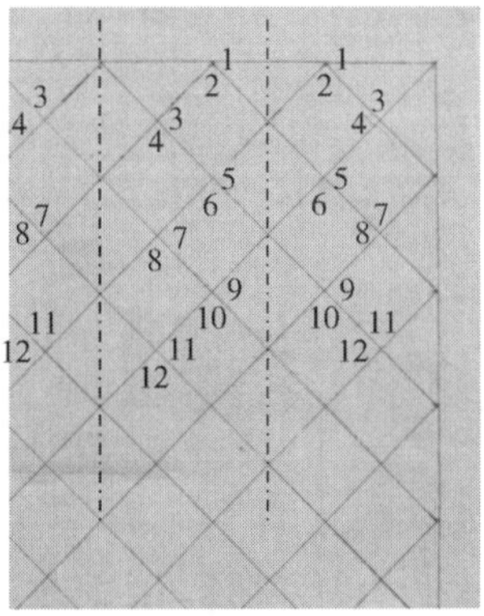	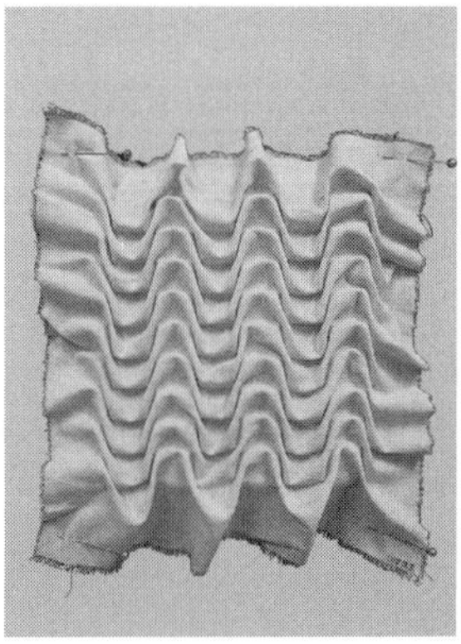
枕头纹	①按右图 1—2—3—4 的顺序挑缝，每针的针距为 0.2 ~ 0.3cm；缝完之后抽紧，再回针一次，完成一个单元　②从 4—5 将线顺势拉过来，不收紧，5—6—7—8 重复进行下一个单元　③纵向完成一列后再起一列，从右至左依次完成	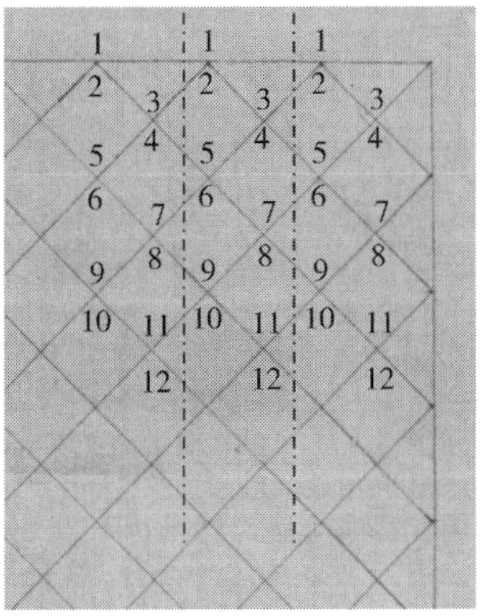	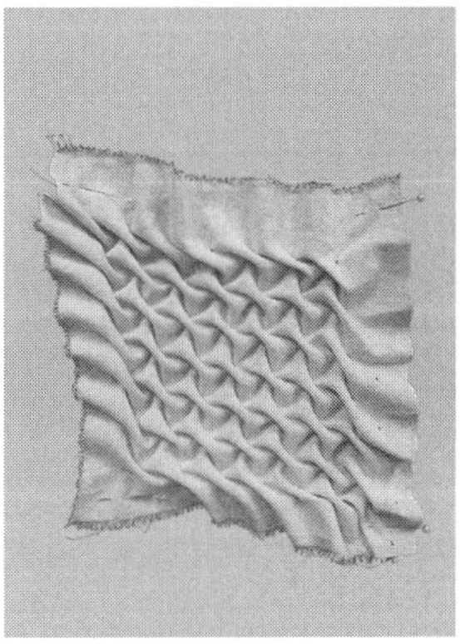

续表

花型	操作方法说明	缝制图示	成品效果
孔雀纹	①按右图 1—2—3—4—5—6—7 的顺序挑缝，每针的针距为 0.2~0.3cm；缝完之后抽紧，再回针一次，完成一个单元 ②从 7—8 将线顺势拉过来，不收紧，8—14 重复进行下一个单元 ③纵向完成一列后再起一列，从右至左依次完成	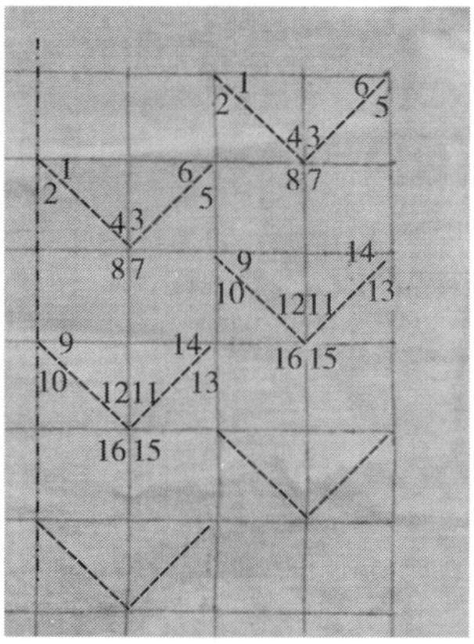	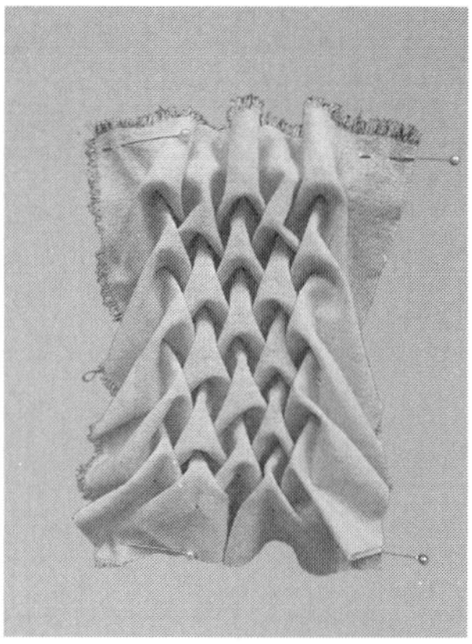
方格纹	①挑缝：由反面入针，在正面从 2—3 挑缝 0.2 ~ 0.3cm，4—5、6—7、8—9 均依次等量挑缝，9 与 1 重合 ②抽紧：四个角都挑缝后抽紧，再回针一次，然后针穿入反面打结，完成一个单元 ③完成：接着针从 10 穿出，线顺势拉来，不收紧，10—18 重复上一个单元，完成一列 ④再按从右至左的顺序逐列缝制完成。两面分别整理成两种不同的效果	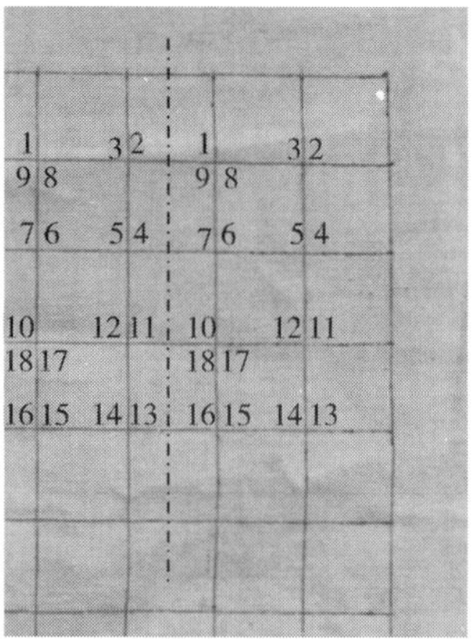	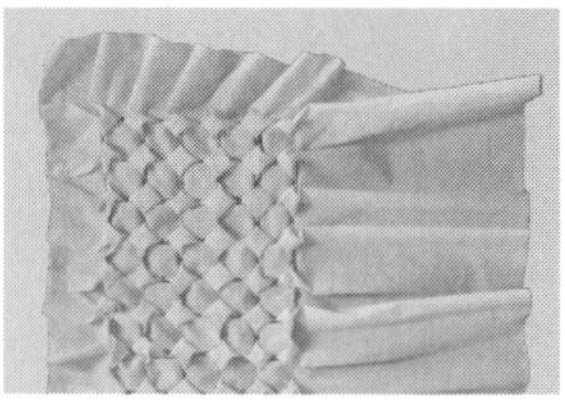 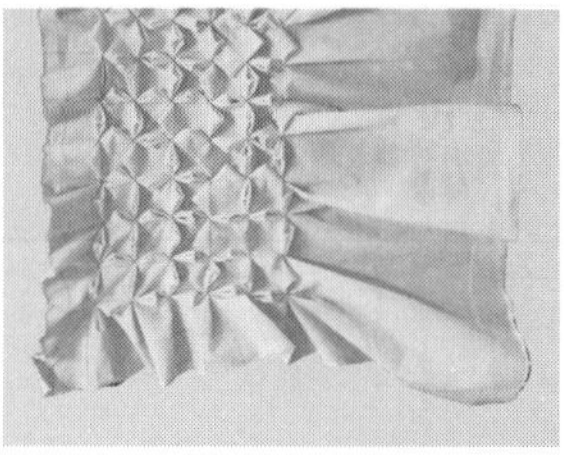
随机纹	布面随机取点，将面料进行随机挑缝、抽缩、固定，形成不规则的面料肌理效果	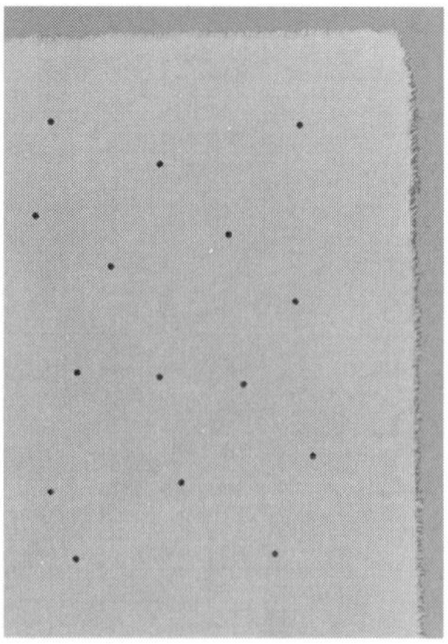	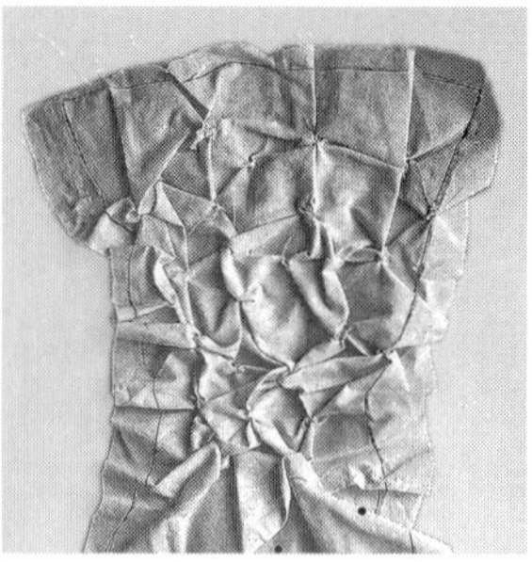

（二）应用实例

（1）人字纹：该作品是在上身部分整体进行人字纹绣缀工艺设计，缩缝单元 4cm。腰部以下的布料不缝，使其形成自然的褶纹，如图 10-2 所示。

（2）水波纹：该作品的裙身部位进行水波纹绣缀工艺设计，缝缩单元约为12cm。缝缩部位的上端留出15cm宽的布料与上衣自然衔接，如图10-3所示。

（3）随机纹：该作品以随机纹的形态为基本特征，绣缀设计与多层波浪造型相结合，体现了统一中有变化、变化中有对比的形式美法则，突出了款式的层次感，如图10-4所示。

图10-2　人字纹的应用　　　图10-3　水波纹的应用　　　图10-4　随机纹的应用

二、扳网法

将面料纵向等宽度平行折叠后，在折痕表面缝线固定，称为扳网，如图10-5所示。其表面线迹的松度可以调节，所以成型后的面料在横向具有较强的伸缩性，可以直接塑型，能满足不同围度的需要。同时表面线迹可以规律地呈现花纹，具有装饰性。用装饰线在裥的表面折边上缝出不同组合的线迹，形成图案，装饰于服装表面，如图10-6所示。

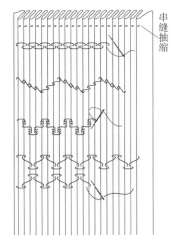 

图10-5　扳网工艺　　　　　图10-6　扳网的应用

三、折叠法

折叠法是将面料在一定位置，沿一定方向折叠并固定，成型后，面料发生重叠，表面形成线条状的纹路，如图 10-7 所示。

也可以将面料在人台表面直接进行折叠，根据造型需要确定每一次折叠量的大小、褶纹走向，以及褶纹的数量。为了褶纹定型，需要先在设计区域打底，褶纹在需要的位置与底布固定，不可以直接垂直用针，将褶纹钉在人台上，如图 10-8 所示。

图 10-7　折叠法的应用

图 10-8　直接折叠塑型

四、挤压法

挤压法是将面料收缩后，通过挤压的方式定型，使面料表面出现规则或不规则的折痕，如图 10-9 所示。

图 10-9　不规则挤压折痕

五、推移法

推移法是将面料向特定方向推移、聚拢，使表面形成波浪式皱纹，如图 10-10 所示，可以用于服装局部设计，如图 10-11 所示是波浪门襟的设计。

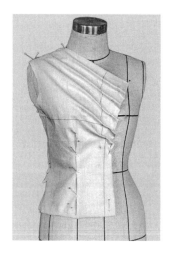

图 10-10　平铺推移　　　　　　图 10-11　波浪门襟

波浪的形成也可以利用面料的悬垂性、纱向特征（斜纱），结合平面结构理论（圆环），面料自然下垂、聚集，形成波浪，如图 10-12 所示。波浪的数量及起伏程度，由圆环内外圈长度的差值决定。增大圆环中心夹角，可以使差值变大，波浪效果增强，形成跌宕起伏、轻盈奔放、自由流动的造型。波浪褶设计在立体裁剪作品中应用广泛，它赋予服装造型强烈的动感，使服装增加层次感和立体感。面料通常选择悬垂性较好的素绉缎、双绉、真丝纱等。如图 10-13 所示，该款礼服采用悬垂推移法，利用内外环差形成自然波浪造型，多层波浪组合，使裙边产生抑扬顿挫的律动美感。

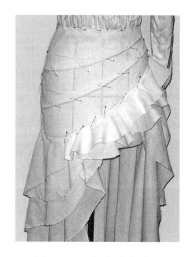

图 10-12　波浪褶　　　　　　　图 10-13　裙身波浪造型

第二节　面料的附加设计及应用

面料的附加设计是在整块的面料表面另外附加装饰物体，形成丰富的外观。

一、平贴法

平贴法是将附加材料与面料贴合固定，附加材料的形状、色彩、质感等可以改变面料的外观，固定方式也会影响整体效果。

（一）贴布绣

贴布绣是将一定形状的布料，平贴固定在底布上，形成装饰图案的效果，同时也具有层次感，如图 10-14 所示。

（二）盘绣

盘绣是将布条或者绳带固定在面料的表面，盘卷、缠绕形成美观的纹样，具有雕塑感的立体造型，其应用如图 10-15 所示。

图 10-14　贴布绣的应用　　　图 10-15　盘绣的应用

二、填充法

填充法是将具有一定空间感的装饰，用蓬松棉等絮料加以填充，形成饱满的立体效果，然后固定在面料上。附加材料的体积感、排列关系都可按照款式特点进行设计，如图 10-16 所示，该款衬衣表面的莲蓬装饰，采用了填充法，构成如浮雕般的立体效果，增添了趣味感。

三、堆积法

堆积法是将独立成型或者组合成型的装饰，堆叠固定在面料表面，具有强烈的立体效果。体积感、排列的疏密、材料的不同特性等，都会产生不同的装饰效果。如图10-17所示的裙装，采用堆积法使其造型富有立体层次变化，高密度堆积的装饰褶，大小不一、形态有别，形成和谐有趣的视觉效果。

图 10-16　填充法的应用　　　　　图 10-17　堆积法的应用

四、层叠法

层叠法是将富有层次感的装饰，以一定的排列方式固定在面料表面，形成层叠的立体效果，如图 10-18 所示。

图 10-18　层叠法的应用

第三节　面料的破拆设计及应用

面料的破拆设计是将整块的面料进行局部剪切，进而穿插加入装饰，或者拆除纱线，形成丰富的外观。

一、剪切法

剪切法是将面料直接进行局部剪切，切口的分布、形状、脱散状态等都可以改变面料的外观，产生不同程度的立体感。

（一）平面剪切

将面料直接在设定的位置剪切，适合于前卫风格的服装装饰，如图10-19所示。

针织布剪切后不易脱散，切口具有卷边性，形成特有的立体效果，如图10-20所示。

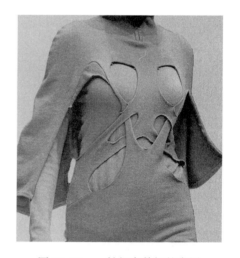

图10-19　梭织布剪切的应用　　　　图10-20　　针织布剪切的应用

（二）立体剪切

立体剪切是将布料先进行立体成型再剪切，如图10-21所示。先将面料机缝固定在底布上，在两条固定线之间留出一定的松量，形成浮起的褶纹；然后以一定的间距剪切褶纹，形成褶环。注意需要剪切到底，但不能剪破底布。如图10-22所示，采用了这种剪切形式，错落的褶环为简洁明快的外轮廓增添了设计感。整体服装有简有繁、有张有弛，和谐又动感十足。

图 10-21　环形剪切　　　　　　　图 10-22　环形剪切的应用

二、编织法

编织法是将面料剪切成条状或扭曲缠绕成绳状，通过编织手法组成各种疏密、宽窄、凹凸等具有雕塑感的立体造型。编织设计能够创造特殊的形式、质感，突出肌理美感、层次感。编织根据设计的需要裁剪宽窄适度、均匀的编织条或直接运用现有材料。材料可选用棉布、电力纺、多色纱、素绉缎、美丽绸等织物，也可以选用塑料纸、羽毛、皮革、绳子等。

如图 10-23 所示，几条布绳编结成带状，既有连接固定作用，也富有装饰性。布绳还可以编网打结，如图 10-24 所示，以绳编为装饰。主要采用平结、定位结和方形结等方法，编结成疏密有致的造型。装饰位置在衣身的右侧，形成不对称的美感，更加突出服装的个性。

图 10-23　编条的应用　　　　　　图 10-24　编网打结的应用

三、抽纱法

顺一条纱线方向剪切面料时，与剪切方向垂直的纱线会被剪断。抽纱法就是将剪断的纱线抽掉，形成帘状半镂空效果，如图10-25所示的流苏；进而可以分组系扎，或者加入绳带穿插编织，形成不同的立体效果，如图10-26所示。

图10-25　流苏的效果

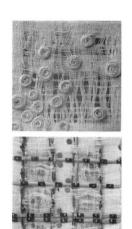

图10-26　抽纱的后续设计

四、镂空法

镂空法是将面料局部剪切、去掉，形成缺口，缺口的形状、大小、排列分布，可以按照图案纹样的整体效果进行设计，如图10-27所示。为了更加丰富其肌理的美感，更加细致精确，还可在镂空图案上再进行较浅的或虚或实的雕刻花纹，这种方法大多应用于较厚或较硬的面料中，如图10-28所示。

图10-27　镂空图案

图10-28　雕刻花纹效果

五、拼布法

拼布法是将剪切过的不同面料拼接应用的方法，如图 10-29 所示；拼布也可以按几何形状有规律地拼接在一起，如图 10-30 所示。拼接片的大小、形状、色彩、材质、拼接方式、组合工艺等的变化，使得拼接效果千变万化。

图 10-29　拼布法的应用　　　　　　　图 10-30　有秩序拼接的效果

课后练习

选择本章任一种（几种）面料造型设计方法，将第九章完成的连衣裙（或自备连衣裙）进行改造性设计。

专业知识及专业技能

本章内容：1. 礼服的造型设计
         2. 小礼服的立体裁剪
         3. 晚礼服的立体裁剪
         4. 婚礼服的立体裁剪

教学时间：16课时

教学提示：本章阐述礼服在现代服装设计中的流行变化，重点
         分析女式礼服的造型特点。逐项讲解小礼服、晚礼
         服、婚礼服的各部分的操作方法与要求，并在裁剪
         过程中举一反三，运用其基本原理产生更多的创意。
         同时，从美学的角度考虑，注重整体与局部的比例
         关系，衡量出夸张变形所需的分量，获得均衡的
         美感。

教学要求：1. 能够独立分析各类礼服款式的构成方法，并可以
            拓展立体裁剪的思路。
         2. 将立体裁剪和立体构成的技法融为一体，从实际
            操作过程中培养对美的鉴赏能力。
         3. 熟练综合运用各种基本技能，学会各种部件和装
            饰效果的应用。

第十一章 礼服的造型设计与立体裁剪

第一节 礼服的造型设计

礼服是具有强烈的实用性和艺术性双重功能性的礼仪类服装，以裙装为基本款式特征，是在特定礼仪场合穿着的服装，需要凸显华贵、典雅和夸张的立体造型设计效果。礼服的设计作为一门视觉艺术，其造型是设计的主体，并且具有很强的时代感和流行性。

礼服的造型多样，特征也多元化，主要运用对比和夸张的手法来强调艺术性和装饰性，借助材料的特殊性能和别出心裁的立体表现手法，增添精致优雅的艺术魅力，丰富礼服的细节，迎合个性化的着装观念。

一、礼服的廓型

廓型是礼服造型的主要特征，是礼服款式造型的第一要素，不同廓型呈现出不同的美感。礼服的廓型设计通常讲究上紧下松的轮廓造型，同时外形强调扩张感与凹凸变化，常见的廓型主要有 A 型、X 型、H 型、O 型、S 型，如图 11-1 所示。

A型　　　　X型　　　　H型　　　　O型　　　　S型

图 11-1　礼服廓型

二、礼服造型的分类设计

在实际设计中，礼服要根据场合、时间和使用目的综合考量，注意礼服整体造型的协调统一。根据穿着场合的不同，礼服一般分为派对礼服、社交礼服及婚礼服。

（一）派对礼服

派对礼服也称为小礼服、鸡尾酒礼服，适合年轻女性在相对轻松的氛围穿着，如小型宴会晚会、鸡尾酒会等场合。现代小礼服在设计上更加多元化，风格有复古典雅、清新甜美、名媛淑女、性感时尚等；款式也新颖独特，有抹胸款、吊带裙款、斜裙款、蛋糕款、鱼尾款等；用料上更加丰富，色彩紧跟流行趋势，如图11-2所示。

图11-2 派对礼服

（二）社交礼服

社交礼服是女士出席正式的典礼、酒会、宴会等社交活动中穿用的服装，其特点是优雅、大方。按穿着时间不同，通常分为日间礼服和晚间礼服，又有正式和半正式之分。

1. 日间礼服

（1）日间正礼服：着装场合在日间出席盛大而隆重的特定礼仪活动，因礼仪级别高，对其颜色、款式、材料一般都有规定。色彩简洁大方，廓型"X"型、"H"型为常见；款式不能过于标新立异，应尽量选择经典款式，配以珍珠、领饰为装饰；面料避免使用过于闪光的材质，一般采用呢绒、精纺织物、丝绸或丝质感的面料，可根据季节调整，也可添加刺绣、花边等装饰，如图11-3所示。

（2）日间准礼服：以日间正礼服为标准，为日间正礼服的略装形式，也是正式场合中穿着的社交礼服。款式为午后1：00~3：00参加社交活动穿着的礼服，日间准礼服较日间正礼服在用料、造型、配饰上有一定的区别，具有正式的特点，同时也与流行紧密结合，一般适用于文化氛围较浓的场合，如音乐会、时尚典礼等，如图11-4所示。

2. 晚间礼服

（1）晚间正礼服：产生于西方社交活动中，在晚间（一般是晚上20：00以后）正

图 11-3　日间正礼服

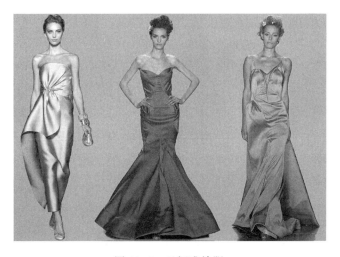

图 11-4　日间准礼服

式聚会、仪式、典礼上穿用，是最高级别、最具特色、充分展示个性的女士礼服。款式配合晚宴的灯光和环境应该富贵华丽，尽显着装者无限魅力。裙长一般及地，领型可设计为深"V"等大开领，充分展露颈部和肩部。面料可选择缎、塔夫绸等闪光织物，搭配钻石等金属饰品、华丽的小包、肘关节以上的手套等。颜色以黑色最为隆重，如图 11-5 所示。

（2）晚间准礼服：隆重性略逊于正礼服，也属于正式礼服的类别。款式没有过多形制上的制约，无袖或无领的款式，不过分强调露背或露肩，裙长从及膝至及地不等，风格各异，较为时尚、舒适、个性。面料考究、高档，色彩也多样化，如图 11-6 所示。

图 11-5 晚间正礼服

图 11-6 晚间准礼服

（三）婚礼服

女式婚礼服又称婚纱，是新娘（有时也包括伴娘和花童）举行结婚仪式时穿着的礼服，分为中式和西式两种。中式婚礼服一般指中式传统裙褂，造型比较修身，层次少，整体风格含蓄。根据中国的传统风俗习惯，颜色多采用喜庆的大红色，代表吉祥、美满的婚礼祝福，配有大量刺绣、镶嵌、盘结等装饰物，如图 11-7 所示。西式婚礼服常采用洁白轻盈的纱质材料，采用 X 造型，上身合体，下摆呈打开状态，裙长及地，甚至拖尾，配有项链、头纱、手套等；此外，还有 S 造型，更能突显穿着者迷人体态和优雅气质的鱼尾婚礼服，将简洁与性感发挥到极致，充分展现了女性 S 型的身体线条，同时对腰臀部也有较好的修饰效果，如图 11-8 所示。随着服装观念的不断变化，婚礼服的设计元素也越来越多元化，给人耳目一新的感觉。

图 11-7　中式婚礼服

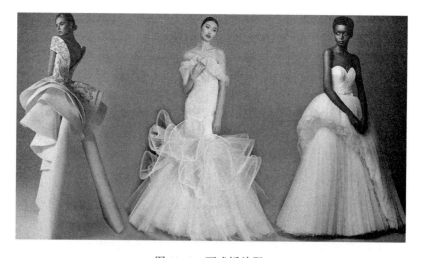

图 11-8　西式婚礼服

第二节　小礼服的立体裁剪

小礼服是以小裙装为基本款式，具有浪漫、简练、舒适自在的特点。这类礼服风格婉约、雅致而不失活力，造型多样，裙长一般至膝盖上下，本节以一款腰部蝴蝶造型装饰小礼服裙为例，介绍小礼服的立体裁剪过程与方法。

(一) 款式说明

此款小礼服以独特的蝴蝶装饰突出小礼服的个性与风格。整体造型上紧下松，简繁得当，浑然一体。在胸部区域运用斜向分割和填充的表现手法，丰富礼服的设计语言；腰部采用折叠手法，通过三个大小不一的裥表现蝴蝶的立体造型；裙身腰部规律叠裥而使下摆呈疏密有致的波浪，构成蓬松的裙身，如图 11-9 所示。

(二) 材料准备

(1) 人台准备：按照款式要求，在人台上用标记带贴出分割线位置，注意分割线的走向，如图 11-10 所示。

图 11-9　小礼服款式图

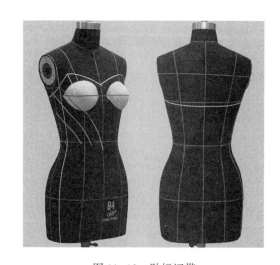

图 11-10　贴标记带

(2) 备料：准备大小合适的坯布，将布料烫平、整方，分别画出经、纬纱向线，具体要求如图 11-11 所示。

(三) 操作过程及要求

1. 制作衣身

(1) 制作前中片：取备料Ⓐ，将画好的经纱辅助线与纬纱辅助线分别对齐胸围线和前中线，固定上部中点和两侧，捋顺中线，固定前中腰部；粗裁上口，在转折处打剪口；胸围不留松量，将余量全部推至胸部，固定分割线下点，留 2cm 缝份并修剪分

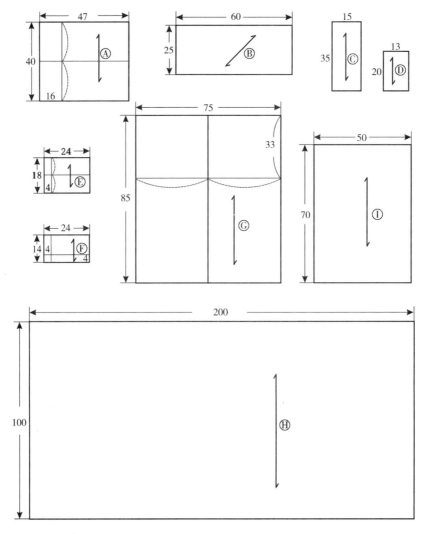

图 11-11　小礼服备料图

割线余料，如图 11-12 所示。折别胸省，采用同样方法完成另一侧，如图 11-13、图 11-14 所示。

（2）固定第一分割区域右前侧片：为确保款式的合体性，所采用的面料为斜纱向。取备料Ⓑ倾斜覆盖在第一分割区域上，固定分割线上点和下点；为使分割位置平顺，可在分割线的中部打斜剪口，如图 11-15、图 11-16 所示。

（3）完成第一分割区域右前侧片：翻折上方面料，根据款式特点，胸围线以下翻折部分需折净，胸围线以上翻折部分需留出一定空间量，满足造型需要，如图 11-17 所示。折转上方面料，为保证造型的流畅圆顺，在转折位置边修剪余料、边打剪口，注意关键点的定位和分割线的走向，如图 11-18 所示。造型完毕后，折净上止口，并与前中片折别，如图 11-19 所示。

图 11-12 固定前中片　　　　图 11-13 折别胸省　　　　图 11-14 完成图

图 11-15 固定第一分割区域右前侧片　　　图 11-16 打剪口

图 11-17 翻折　　　　图 11-18 修剪　　　　图 11-19 完成第一分割区域右前侧片

（4）完成第二分割区域右前侧片：取备料ⓒ，标示的经纱线与分割线平行，覆盖在第二分割区域上，固定分割区域内侧上下四点，如图 11-20 所示；留出缝份，修剪四周余料，如图 11-21 所示。

 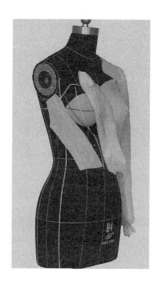

图 11-20　固定　　　　　　　　　图 11-21　修剪

（5）完成第三分割区域右前侧片：在第三分割区域采用相同的方法固定备料ⓓ，按照造型线位置留出缝份，修剪四周余料，如图 11-22、图 11-23 所示。

图 11-22　固定　　　　　　　　　图 11-23　修剪

（6）完成衣身前片：将三个区域的分割线折别，注意腰部留出 1.5cm 的松量，如图 11-24 所示；采用相同方法对称完成衣身左前分割造型，平面结果以右半部分为准，如图 11-25 所示。

图 11-24　折别分割线

图 11-25　完成前衣身

（7）制作衣身后右侧片：取备料Ⓔ，将经纱辅助线与背宽线对齐固定，纬纱辅助线与胸围线对齐固定，上口不留松量，下口留出 1cm 松量，如图 11-26 所示；腰部打剪口，并按照造型线修剪四周余料，如图 11-27 所示。

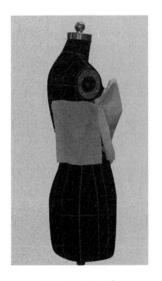

图 11-26　固定

图 11-27　修剪

（8）制作衣身后中片：取备料Ⓕ，将标示的经纱辅助线和纬纱辅助线与后中线和胸围线分别对齐固定，上口不留松量，下口在腰围线上留出 0.5cm 松量，如图 11-28 所示；按照造型线修剪后中片，注意下口至少留出 3cm 缝份，如图 11-29 所示；并在公主线处折别分割线，如图 11-30 所示。

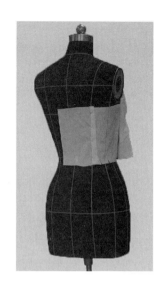

图 11-28　固定　　　　　　　图 11-29　修剪　　　　　　　图 11-30　折别分割线

（9）完成衣身后片：采用相同方法对称完成衣身后左分割造型；别合侧缝，并折净前后片的上止口，如图 11-31、图 11-32 所示。

图 11-31　完成后衣身　　　　　　　　　图 11-32　别合侧缝

（10）贴标记带：根据款式特点，在衣身腰位上用标记带标记造型线的位置，如图 11-33~图 11-35 所示。

图 11-33 贴标记带（前）　　图 11-34 贴标记带（侧）　　图 11-35 贴标记带（背）

2. 制作裙片

（1）固定前中裙片：取备料Ⓖ，腰节以上留 15cm，经向线对齐前中线，固定前中线上、下点，如图 11-36 所示。

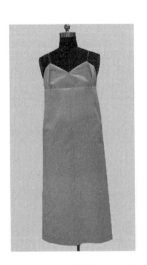

图 11-36 固定前中裙片

（2）完成前中裙片：沿前中线剪开，至腰部分割线以上 3cm；然后横向剪开至距标记点位置 1cm，腰口布料下放，整理下摆，做出右侧裙身所需波浪，如图 11-37 所示；修剪腰口及侧缝，如图 11-38 所示；采用相同方法对称完成裙身左侧造型，别合腰口分割线，修剪底边，注意底边线平直圆顺，如图 11-39 所示。

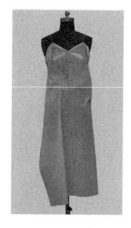
图 11-37 下落右侧波浪

图 11-38 修剪腰部余料

图 11-39 完成前中裙片

（3）制作左侧褶裥裙：测量衬里布腰口对应的长度，按 1.5 倍叠裥量计算，需要将备料Ⓗ裁成如图 11-40 所示的平面形状。

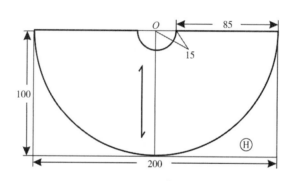
图 11-40 褶裥裙示意图

（4）叠裥：根据款式图特征，从前向后折叠 5 个裥，腰口处的间距为 3.5cm 左右均匀折进，折进量约 5cm，如图 11-41~图 11-44 所示。

图 11-41 固定第一裥

图 11-42 固定第二裥

图 11-43　固定第三裥　　　　　　图 11-44　固定第四、五裥

（5）制作右侧褶裥裙：采用相同的方法制作右侧褶裥裙身，完成效果如图 11-45 ~
图 11-47 所示。

图 11-45　正视图　　　　　　　　图 11-46　后视图

（6）叠裥数量设计：半圆褶裥裙叠裥的数量可根据个人喜好选择，如图 11-48 所
示，腰口弧长不变，由原来的 5 个裥增加到 7 个裥，造型会有所差异。

（7）褶的设计：波浪褶的塑型手法可以从褶的形态、缩褶量以及布料平面状态下
的圆心角等几个方面考虑。如图 11-49 ~ 图 11-51 所示，将之前右侧的裙身腰口，通过
抽褶的方法形成波浪褶，与左侧叠裥的造型效果不同。腰口处褶皱密集、蓬起，下摆
波浪不均匀，整体造型更丰满。相同的结构，不同的塑型方法，呈现的造型特征不同，
设计中应该依据整体效果适当选择。

图 11-47 侧视图（五个裥造型）　　图 11-48 侧视图（七个裥造型）

图 11-49 抽褶造型　　图 11-50 抽褶与叠裥正面对比　　图 11-51 抽褶与叠裥背面对比

3. 制作装饰片

（1）固定装饰片：取备料①，将前侧一边与前中裙片的分割线对齐固定，如图 11-52所示；别合裙身分割线后，将①布料向侧缝方向翻折，如图 11-53 所示。

（2）装饰片叠裥：根据造型特点叠进第一个裥，注意线条的走向及定位，依次叠进第二个裥、第三个裥，注意每个裥的大小及三个裥的排列方向、间距，如图 11-54~图 11-56 所示。

（3）修剪左侧装饰片造型：用标记带贴出蝴蝶装饰造型，留出缝份修剪多余面料，并将内层与裙片分割线别合，如图 11-57~图 11-59 所示。从各个角度观察，细微处与设计图进行比对调整后达到理想效果。

图 11-52 固定 图 11-53 翻折

图 11-54 固定第一裥 图 11-55 固定第二裥 图 11-56 固定第三裥

图 11-57 贴标记带 图 11-58 修剪 图 11-59 折别

（4）完成整体造型：采用相同方法对称完成右侧装饰片造型，整体完成后的效果，如图 11-60~图 11-62 所示。

图 11-60　正视图　　　　　　图 11-61　侧视图　　　　　　图 11-62　后视图

4. 裁片

款式确认合适后，做好标记，从人台上取下衣片，进行平面修正，得到的裁片如图 11-63 所示。确认后拷贝纸样备用。两侧的裙身裁片为半圆形，未排列在图中。

图 11-63　裁片

第三节 晚礼服的立体裁剪

晚礼服的设计变化丰富，设计点也多元化，依据出席场合的不同进行不同风格的设计以体现出穿着者的个性。本节以一款交叉领鱼尾礼服裙为例，介绍晚礼服的立体裁剪过程与方法。

（一）款式说明

此款晚礼服整体造型呈 S 型，交叉领，合体腰身，腰部装饰采用叠裥造型手法，每一个褶裥的造型有所不一，表现出多样性；鱼尾造型的裙身采用不对称分割手法，突出款式的独特性，如图 11-64 所示。

（二）材料准备

（1）人台准备：按照款式要求，在人台上贴标记带，标明造型线的适当位置，如图 11-65～图 11-67 所示。注意关键点的定位及线的走向。

（2）备料：准备大小合适的坯布，将布料烫平、整方，分别画出经、纬纱向线，具体要求如图 11-68 所示。

图 11-64 晚礼服款式图

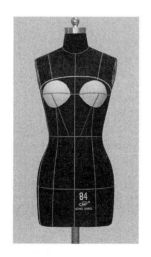

图 11-65 贴标记带（正）

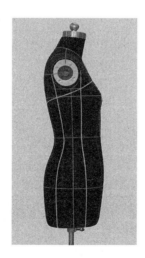

图 11-66 贴标记带（侧）

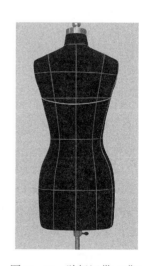

图 11-67 贴标记带（背）

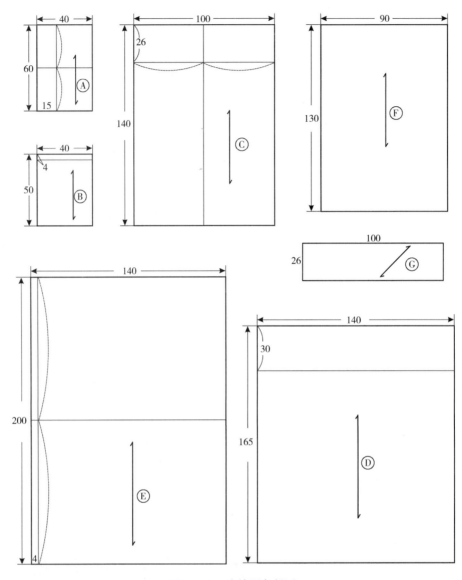

图 11-68　晚礼服备料图

(三) 操作过程及要求

1. 制作抹胸造型

（1）固定前片掐别腰省：取备料Ⓐ，将画好的经纱辅助线对齐胸围标记线，纬纱辅助线对齐前中标记线，固定上部中点及前中腰部。上口不留松量，在侧面转折处打剪口，固定侧缝上点。胸围不留松量，沿侧缝向下捋顺，将余量全部推至腰部，固定侧缝下点。腰部留出 1.5cm 松量并打剪口，将其腰省掐别，如图11-69所示。

（2）折别腰省：沿省中线剪开，修剪省缝后，将腰省折别，如图 11-70 所示。

（3）完成前片：采用相同方法对称完成另一侧腰省（平面结构以右侧为主），如图 11-71 所示。

（4）固定后片：取备料Ⓑ，将纬纱辅助线对齐后中标记线，理顺布料，固定后中

线上、下点；上口不留松量，理顺后固定侧缝上点；腰围线以下打剪口，腰部留出
1.5cm 松量，理顺布料，固定侧缝下点，如图 11-72 所示。

（5）完成后片：留足缝份修剪余料，如图 11-73 所示。采用相同方法对称完成另
一侧造型（平面结构以左侧为主），如图 11-74 所示。

图 11-69　固定前片掐别腰省

图 11-70　折别腰省

图 11-71　完成前片

图 11-72　固定后片

图 11-73　修剪

图 11-74　对称完成后片

（6）完成抹胸造型：前压后折别侧缝，折净前、后片的上止口，注意侧缝的圆顺
连接，如图 11-75~图 11-77 所示。

2. 制作第一部分鱼尾裙造型

（1）固定裙片：取备料ⓒ，经纬纱画线分别与人台前中线与臀围线对合，在前中
线左侧 1cm 处腰围线下双针固定上点、臀围线下固定下点；保持纬向线与臀围线一致，
在臀围中区两侧各掐取 1cm 横向松量，固定臀围侧点，如图 11-78 所示。采用与前裙
片相同方法，固定后中线上点和下点。

（2）折别前腰省：保持胸宽垂线位置为经纱方向，确定前腰省，留出前腰口两侧
松量各 0.5cm，折别两侧腰省，如图 11-79 所示。

  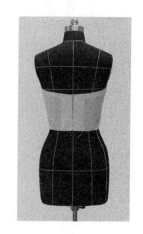

图 11-75　折缝前片上止口　　　图 11-76　折别侧缝　　　图 11-77　折缝后片上止口

图 11-78　固定裙片　　　　　　　图 11-79　折别前腰省

（3）完成后裙片：保持背宽垂线位置为经纱方向，确定后腰省，折别方法同前裙片。保证腰口松量折别侧腰省，完成直筒裙身造型，如图 11-80~图 11-82 所示。

图 11-80　折别后腰省　　　图 11-81　折别侧腰省　　　图 11-82　完成后裙片

（4）贴标记带：按照设计效果在裙身上用标记带贴出分割线的位置，如图11-83～图11-86所示。

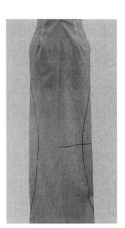

图11-83　贴标记带　　　图11-84　贴标记带　　　图11-85　贴标记带　　　图11-86　贴标记带
　　（前侧）　　　　　　　　（后）　　　　　　　　（后侧）　　　　　　　　（前）

（5）制作后裙片上部：取下固定后腰省的大头针，将腰部余量推移到标记线处，如图11-87所示。留出2cm缝份，依照标记线修剪余料，如图11-88、图11-89所示。

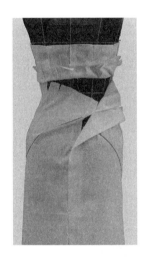
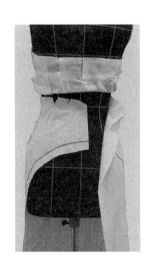
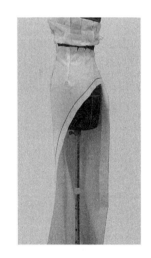

图11-87　转移腰省　　　　图11-88　修剪左裙片（后）　　　图11-89　修剪左裙片（侧）

（6）完成前裙片：完成前裙片效果，如图11-90、图11-91所示。

3. 制作第二部分鱼尾裙造型

（1）固定：取备料①，经纬纱向分别对齐后中线、后裙身分割线的标记线，固定上点和下点，如图11-92所示。

（2）制作波浪裙摆：沿分割线位置将布料与裙身固定并修剪，在波浪转折处打斜剪口，将上方布料下落，整理下摆，做出第一波浪，褶量大小按照款式要求而定，如图11-93、图11-94所示。折别缝份、修剪底边完成鱼尾造型，如图11-95所示。

图 11-90　正视图

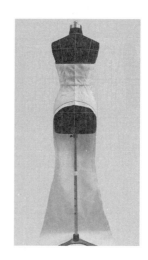

图 11-91　后视图

图 11-92　固定

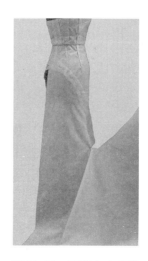

图 11-93　下落上方布料

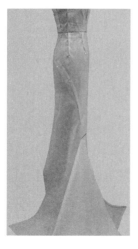

图 11-94　整理下摆

图 11-95　折别缝份

（3）贴标记带：根据款式要求，在裙片上标记分割线及 4 个波浪褶的位置，留出 2cm 缝份，清剪余料，如图 11-96、图 11-97 所示。

图 11-96　贴标记带

图 11-97　修剪

4. 制作第三部分鱼尾裙造型

（1）固定：取备料Ⓔ，经纬纱向分别对齐后中线、上一步骤贴出的分割线的标记线，固定上点和下点，如图 11-98 所示。

（2）制作波浪：沿分割线以上 3cm，水平剪开至第一波浪褶内 3cm 处，打斜剪口至分割线，上方布料下落，整理下摆，做出第一波浪；继续向侧下方弧线剪进，在波浪褶的位置上依次打斜剪口，下落上方余料，完成第二~第四波浪，如图 11-99~图 11-102 所示。

图 11-98　固定

图 11-99　第一波浪

图 11-100　第二波浪

图 11-101　第三波浪

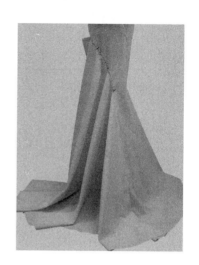
图 11-102　第四波浪

（3）完成鱼尾裙：采用相同方法完成另一侧，并别合分割线完成鱼尾裙整体造型，如图 11-103～图 11-105 所示。

图 11-103　鱼尾波浪裙（正）

图 11-104　鱼尾波浪裙（侧）

图 11-105　鱼尾波浪裙（后）

5. 制作腰部装饰造型

（1）贴标记带：根据腰部装饰造型贴标记带，如图 11-106 所示。

（2）叠裥：取备料Ⓕ，先将布料斜对角对折一部分，下口为双层，上口为单层，分析效果图，在标记线的位置上折别褶裥，注意关键点的定位及褶裥的走向，如图 11-107所示。

图 11-106　贴标记带

图 11-107　叠裥

（3）调整裥：依次调整各个裥的大小、方向及排列，如图 11-108 所示。

（4）完成造型：在标记线 1 位置以下 3cm 处水平剪开，腰口下落，整理修剪并完成裥的造型，如图 11-109~图 11-112 所示。

图 11-108　调整裥

图 11-109　横向剪开

图 11-110　腰口下落

（5）完成左侧装饰片：标记右侧装饰片的关键点并取下进行平面修正，确认后拷贝样板完成左侧装饰片的造型，如图 11-113 所示。

6. 制作肩带

（1）缝制肩带：取备料Ⓖ，先将布料对折缝制成筒状，再翻正，最后按照款式折叠，如图 11-114~图 11-16 所示。

（2）固定肩带：肩带一端固定在后中线的腰口处，另一端由腋下绕至前身，跨过肩头，向下与抹胸后身固定。

图 11-111　整理造型

图 11-112　修剪

图 11-113　完成左侧装饰片

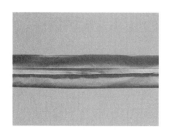

图 11-114　对折缝合

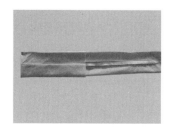

图 11-115　翻正

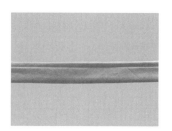

图 11-116　折叠

7. 完成整体造型

此款晚礼服的整体造型如图 11-117～图 11-119 所示。

图 11-117　正视图

图 11-118　侧视图

图 11-119　后视图

8. 裁片

款式确认合适后，做好标记，从人台上取下衣片，进行平面修正，得到的裁片如图 11-120 所示。确认后拷贝纸样备用。

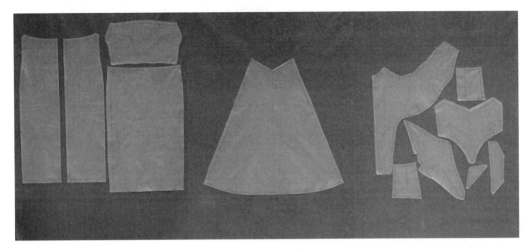

图 11-120　裁片

第四节　婚礼服的立体裁剪

现代婚礼服设计呈现国际化、多样化趋势，其造型设计除了对裙摆样式的追求外，设计的重心转向上半身，追求简洁美观、细节独特的效果。简洁而精致的上衣和饱满的裙摆是当代婚礼服的标志，常见于无袖婚礼服，其目的是为了体现穿着者的体态美。本节以一款曳地式婚礼服为例，介绍婚礼服的立体裁剪过程和方法。

（一）款式说明

此款婚礼服为低胸内置裙撑长裙，在层次变化的外轮廓线中兼容疏密不同的褶皱宽窄变化。胸部采用弧线造型的褶裥装饰，折线精致而富有立体感。腰间纵向分割贴身合体，后背中线穿带装饰，还可调节胸围大小，前身与长裙的分割线对称呈尖角状，后身呈水平状协调着整体比例。长长的裙摆拖到地面，整个裙子分为三层长短、宽窄不一的造型，每层也分别运用了褶皱疏密的变化，层次感较强。裙身装饰花的设计增添了奢华感。整件婚礼服将褶皱的疏密、线条的曲直、装饰的繁简协调地融合在一起，如图 11-121 所示。

（二）材料准备

（1）人台准备：在人台上贴标记带，标明造型线的适当位置，注意关键点的定位及线的走向，如图 11-122、图 11-123 所示。

图 11-121　曳地式婚礼服款式图

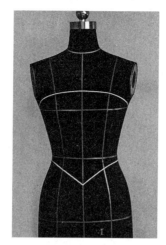

图 11-122　贴标记带（正）

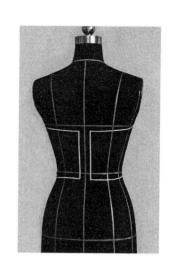

图 11-123　贴标记带（背）

（2）备料：准备大小合适的坯布，将布料烫平、整方，分别画出经、纬纱向线，具体要求如图 11-124 所示。

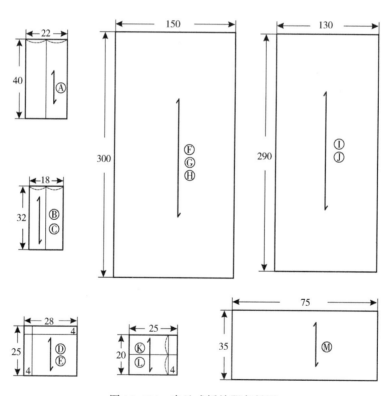

图 11-124　曳地式婚礼服备料图

（三）操作过程及要求

1. 制作衣身前片

（1）固定前中片：取备料Ⓐ，将画好的经纱辅助线对齐前中线，固定上点；沿前中线向下捋顺，使腰部贴合人台，固定下点；上口不留松量，固定分割线上点，如图11-125所示。

（2）修剪：胸围线、腰围线上留出约0.5cm松量，按照造型线的位置修剪，如图11-126所示。

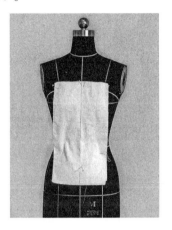
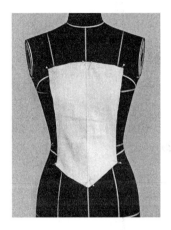

图 11-125 固定前中片 　　　　　　　　图 11-126 修剪前中片

（3）固定前右侧片：在备料Ⓑ上取中画经向线，与胸宽线对齐，在胸围线、腰围线及袖窿处留出1cm松量，固定上下四点。依照公主线与侧缝线修剪多余布料，在侧缝腰位及分割线处打剪口，如图11-127所示。

（4）完成前左侧片：取备料Ⓒ，采用相同方法对称完成衣身前左侧片（平面结果以右片为准），如图11-128所示。

（5）别合分割线：在前中片两侧腰位打剪口后折净，与左、右侧片别合，如图11-129所示。

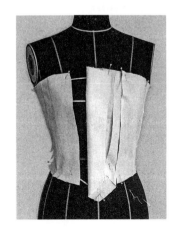
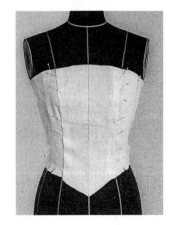

图 11-127 固定前右侧片 　　　图 11-128 完成前左侧片 　　　图 11-129 别合分割线

2. 制作衣身后片

（1）固定后右片：备料①上标出的经向线上点与后中线比齐固定，由上而下将顺使腰部贴体，在腰节线上经向线比后中线偏出0.7cm，固定下点；背宽间留出约0.5cm松量，保持背宽线为经纱方向，与侧缝间留出少量松量，固定侧缝上、下点。在上、下止口线打剪口，需要剪至距标记线约1cm处，如图11-130所示。

（2）定腰省：右片腰部留出1cm的松量，在公主线处掐出省量，腰位省缝打剪口；向后中折回省缝，别合固定（也可以分割处理）；对称完成后左片。依照标记的造型线修剪多余布料；折净后中贴边，纵向别针固定，如图11-131所示。

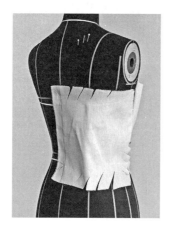

图11-130　固定后右片　　　　　　图11-131　定腰省

（3）完成前后衣身：前压后折别侧缝，折净前、后片的上止口线，注意侧缝位的圆顺连接，如图11-132~图11-134所示。

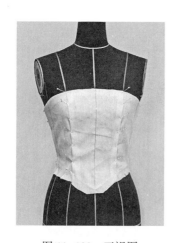

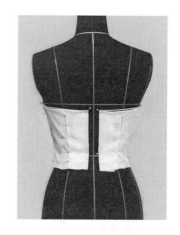

图11-132　正视图　　　　图11-133　侧视图　　　　图11-134　后视图

3. 裙撑的制作

裙撑分为上下两部分，其上、下接缝处与底边穿弹性好的钢条定型。如图11-135

所示，取大小适合的里布或者纱料，先在半圆形的中间裁去一个同心圆；再将上、下层分别缝合侧缝，距下口 3cm 处止缝，在上下层面料对搭 3cm 的正反面分别折进 0.5cm 毛边扣压缝，中间形成 2cm 宽的夹层；最后分别从侧缝开口处穿入钢条，并绱腰头，腰头部分用 3~4cm 宽橡筋带连接，完成裙撑，如图 11-136 所示。

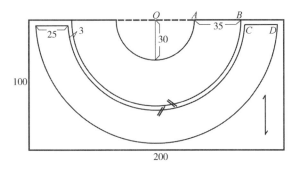

图 11-135　里料示意图

图 11-136　完成裙撑

4. 制作最内层大波浪裙

（1）备料：将备料Ｆ、Ｇ拼接，裁成正圆，在正圆坯布中间裁去半径 20cm 的小圆，四等分做标记，平面形状如图 11-137 所示。

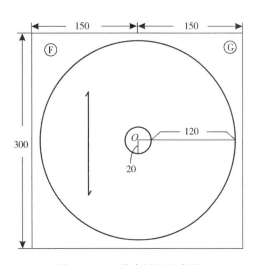

图 11-137　最内层裙示意图

（2）固定：在环形内圈上大针脚平缝抽褶线后临时水平固定于人台上，4 个标记分别与前后中线、左右侧缝对合，如图 11-138 所示。

（3）抽褶：将各区域余量抽缩、整理，使波浪分布均匀，如图 11-139 所示。

（4）确认造型：沿前身腰下分割线标记，手针串缝进行第二次抽褶，如图 11-140 所示。

图 11-138　固定

图 11-139　抽褶

（5）修正造型：搭别分割线，修剪多余布料，折净裙上口与衣身折别固定（别合位置在分割标记线下约 2cm 处），如图 11-141 所示。

图 11-140　确认造型

图 11-141　修正造型

5. 制作中间层波浪裙

（1）备料：以备料⑪的长边中心点为圆心，内裁去一个半径为 30cm 的半圆，四等分做标记。根据款式图前短后长、前方后圆的特征，在取料时可提前将裁片修正，得到阴影部分，其平面形状如图 11-142 所示。

（2）抽褶：将侧缝连接好的裁片以同样方法从左侧缝开始抽褶，然后将裙片内环与上衣对应标记别合（先别 4 点，再细别，别合位置略高于内层 1cm），外环自然呈波浪状；观察其整体是否协调、美观，然后进一步调整、修正，如图 11-143 所示。

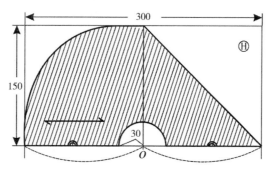

图 11-142　中间层裙示意图

（3）完成裙片：根据款式图特征，将裙片前中向上提起，折叠两次固定于分割线下约 30cm 处，修剪、整理下摆造型，完成中间层，如图 11-144 所示。

图 11-143　抽褶

图 11-144　整理造型

6. 制作最外层波浪裙

（1）备料：将备料Ⓘ、Ⓙ拼接，分析款式图造型，将其裁成如图 11-145 所示的平面形状。

（2）完成裙片：用同样方法与衣身别合（别合位置在分割标记线上），将裙片前中向上提起，折叠后固定于中间层的立裥之上，修剪下摆，与中间层造型谐调，如图 11-146、图 11-147 所示。

7. 制作扇状胸饰衬里

（1）贴标记带：分析款式图，在衣身上标明扇状造型线的位置，注意关键点的定位及线的走向，如图 11-148 所示。

（2）别合胸省：将备料Ⓚ对正丝缕后固定于人台上，制成贴体型衬里（与衣身无间隙），衬里领口应低于胸饰领口 1cm 左右；胸部余量全部集中于胸点下端作为胸省，注意位置应避开公主线，如图 11-149 所示。

（3）完成裁片：做好标记，取下衬里，对称拷贝并剪出完整裁片。

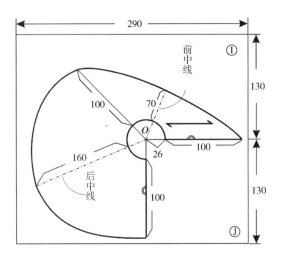

图 11-145　最外层裙示意图

图 11-146　侧视图

图 11-147　正视图

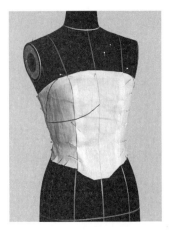

图 11-148　贴标记带

图 11-149　别合胸省

8. 制作扇状胸饰

（1）备料：测量衬里对应的长度，按 1.5 倍叠裥量计算，需要将备料Ⓜ裁成如图 11-150 所示的平面形状。注意外环线的确定，是将前中位置下降 5cm，修正外环线；内环线的确定是在半径 36cm 的半圆内裁去半径为 11cm 的同心半圆。

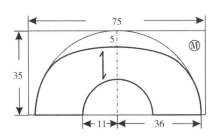

图 11-150　扇状胸饰示意图

（2）叠裥：根据款式图特征，左右两侧分别向中心对称叠出 7 个裥，上止口控制间距 3.5cm 左右均匀叠进，叠进量约 5cm；根据折边线的走向，由中间起依次折叠下止口处的裥，间距逐渐减小，叠进量逐渐加大，用大头针理顺折边线，固定下止口。完成右侧造型，效果满意后做标记，对称拷贝，折出左侧各裥造型。修剪下止口，前中角位对称打斜剪口，折净与衬里布挑别固定；上止口修剪余料，是否折净可根据个人喜好选择，如图 11-151、图 11-152 所示。

图 11-151　褶裥造型-1　　　　　　　　图 11-152　褶裥造型-2

9. 完成叠花造型

取适当长宽梯形状布条，由上边起均匀折叠，并在中心处固定；旋转使折叠自然散开成花朵状。也可取相同两布条，重叠起来操作，尾端留出适当长度作为飘带装饰，如图 11-153~图 11-155 所示。

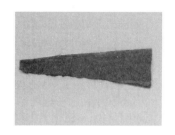

图 11-153　梯形布料　　　　图 11-154　折叠固定　　　　图 11-155　旋转成型

10. 完成造型

固定装饰花朵，整体造型完成，全方位观察造型，如图 11-156~图 11-158 所示。

图 11-156　正视图　　　　　图 11-157　侧视图　　　　　图 11-158　后视图

11. 裁片

款式确认合适后，做好标记，从人台上取下衣片，进行平面修正，部分裁片展开如图 11-159 所示，全部裁片拷贝纸样备用。

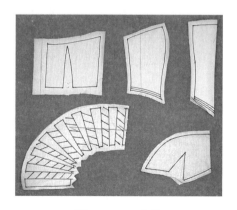

图 11-159　裁片

课后练习

　　选择本章第一节中任一款式，参考以上的操作方法，独立完成该款的立体造型设计。

专业知识及专业技能

本章内容：1. 中式风格表演服的立体裁剪
　　　　　2. 创意类表演服的立体裁剪

教学时间：8 课时

教学提示：阐述表演服的风格及造型特点，尤其是装饰手法在表演服中的运用。一般装饰应在不妨碍整体效果的前提下、疏密有致、重点突出，以增添服装的生动感与华丽感。在处理繁复夸张的造型时，建议引导学生先通过实验的方法感受最佳效果的确定方案，从而积累把握造型的经验。

教学要求：1. 能够独立分析款式并具备较强的理解力和交流能力。

　　　　　2. 要求在面料的选择和开发上，显现出强烈的个性追求，进行创意服装立体设计。

　　　　　3. 能够将前面所学的知识巧妙地融合，在制作过程中巧于构思，勇于拓展。

第十二章 表演服的造型设计与立体裁剪

表演服作为欣赏性的服装，更注重强调其独创性、艺术性和人文性，彰显个性美，主要适用于舞台着装。

第一节 中式风格表演服的立体裁剪

表演服的造型一般都比较复杂而且相对夸张，大多采用非对称设计手法。本节介绍的这款表演服，整体廓型具有中华民族韵味、线条流畅、丰富，配以披挂的波浪褶裙，演绎了民族服饰新概念。造型、结构、工艺处理上要夸张的恰到好处，突破以往中式风格服装设计的沉重感。

(一) 款式说明

该款表演服采用高连身立领造型，斜向的装饰门襟，在左胸用盘扣连接，实用门襟留在右侧缝；腰部左边位置塑造立体皱褶，并做分割造型，可以与具有民族图案、色彩的面料相接，体现时尚中国风的新理念；左肩带出冒肩短袖；披挂的褶裙上以穿绳抽缩的方式，达到在大波浪褶上出现细皱褶的效果，进一步丰富立体褶的层次，如图12-1所示。

图 12-1 中式风格表演服款式图

(二) 材料准备

(1) 人台准备：分析款式图，在人台上标明分割线及造型线的适当位置，确保设计效果，注意关键点的定位及线的走向，如图12-2所示。

(2) 备料：准备大小合适的坯布，将撕好的布料烫平、整方，分别画出经、纬纱向线，具体要求如图12-3所示。

(三) 操作过程及要求

1. 制作衣身前右片

(1) 固定前片：取备料Ⓐ，臀围线以下留出约40cm长度，侧缝留出4cm余量，固定左侧臀围线处；保持纬纱与臀围线平行，沿臀围线左右各留出约1.5cm松量，固定右侧臀围线处；将上方布料顺势临时固定在人台肩部，如图12-4所示。

(2) 抽褶：大致沿左侧腰部分割线手针串缝，抽出适当褶量；调整褶量、褶位与走向，使褶集中于正面，褶量相对均匀，呈放射状；沿标记线内0.5cm重新抽褶固定，如图 12-5~图 12-7 所示。

（3）清剪：收褶位沿分割线留出 4cm，余料全部清剪，如图 12-8 所示。

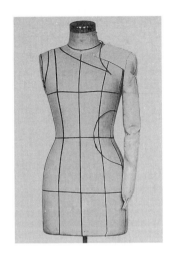

图 12-2　贴标记带

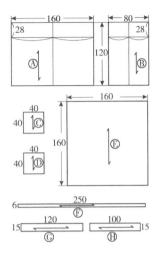

图 12-3　中式风格表演服备料图

图 12-4　固定前片

图 12-5　串缝

图 12-6　第一次抽褶

图 12-7　第二次抽褶

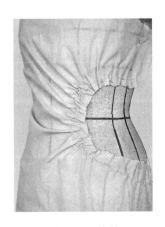

图 12-8　修剪

（4）固定育克：取备料ⓒ，覆盖分割线内区域，横向留 1cm 松量，侧缝腰位打斜剪口，使腰部贴合，如图 12-9 所示。

（5）修剪育克：沿分割线标记搭别育克与前片褶，留 2cm 缝份清剪余料，如图 12-10所示。

图 12-9　固定育克

图 12-10　修剪育克

（6）别合育克：扣折育克缝份后，与前片褶先别合上、中、下三点；理顺折边后别合整条分割线，如图 12-11 所示。

（7）修剪前右片：向上理顺左侧缝，重新固定上点；沿胸围线左右各留出 1.5cm 松量，固定右侧缝上点；右袖窿留出 1cm 松量，固定右肩端点；留出 2cm 缝份修剪左、右侧缝（腰部打几个小剪口）；沿臂根线修剪左、右袖窿，如图 12-12 所示。

（8）修剪左门襟：由上口沿前中线剪至距门襟标记线 3cm 处，转至左侧留 3cm 贴边修剪门襟，右侧为保证立领高度暂不修剪，如图 12-12 所示。

图 12-11　别合育克

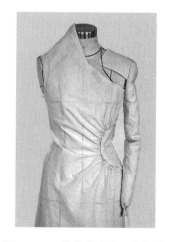

图 12-12　修剪前右片、左门襟

（9）叠领裥：右肩公主线处平行折出两个横向细裥，裥量均为 1cm；固定裥以后，自然形成连身高立领造型，如图 12-13 所示。

（10）完成前右片：与左门襟顺接，别出右领止口位置，留 2cm 缝份修剪余料，按标记扣折缝份，完成前右片造型，如图 12-14 所示。

图 12-13 叠领裥

图 12-14 完成前右片

2. 制作衣身后片

（1）固定后片：取备料Ⓑ，底边与前片平齐，后中线保持经纱方向，肩胛线保持纬纱方向，固定后中上点及臀围点，注意满足纵向吸腰量；固定两侧肩胛位背宽点，左右背宽各留出 1.5cm 松量，如图 12-15 所示。

（2）固定侧缝：保持两侧背宽线为经纱方向，胸围、腰围、臀围处分别留出约 0.7cm 松量，固定侧缝上点、腰围线与臀围线处，并在臂根底部、腰部打剪口，如图 12-16 所示。

（3）折别腰省：左右腰部各留出约 2cm 的松量，在公主线处对称掐出腰省做标记后，折向后中别合固定，如图 12-17 所示。

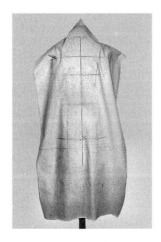

图 12-15 固定后片

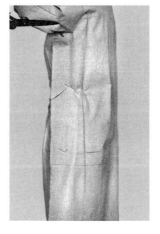

图 12-16 固定侧缝

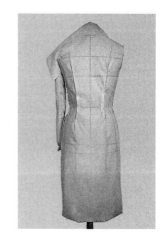

图 12-17 折别腰省

（4）剪右袖窿：后袖窿留 0.7cm 松量固定右肩端点，沿臂根线修剪。

（5）别合肩省：右侧肩部余量推至后领口中部，距颈根围线约 5cm 处折别肩省，对称折别左侧肩省，使后片形成连身高立领造型，如图 12-18 所示。

（6）合右肩：前、后片右肩缝理顺、搭别，全方位观察领子造型，确认满意后分别做标记折别，如图 12-19、图 12-20 所示。

图 12-18　别合肩省

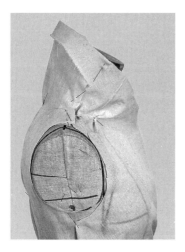

图 12-19　合右肩

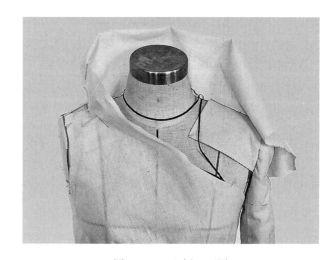

图 12-20　立领正面图

（7）做袖：左侧腋下沿臂根线清剪余料；捋顺左肩部位，大约在后袖窿深的中间部位带出冒肩袖，与袖窿连接处打剪口；根据款式留出袖长度，留足袖肥（保证手臂侧平抬的活动量），清剪余料，如图 12-21 所示。

（8）做领：保证左后领片与左肩过渡自然，领高与右侧对称，修剪肩缝。

3. 制作前左片

（1）固定前左片：取备料①，使经纱向与人台前中线平行，根据造型线临时固定，如图 12-22 所示。

（2）做领：确定门襟造型，清剪余量；顺势与后领拼接，确定前领造型，如图 12-23所示。

（3）做袖：捋顺前肩部，留出前宽 1cm 活动量，袖肥参考后袖，袖长与后片平齐，如图 12-24 所示。

图 12-21　完成后袖

图 12-22　固定前左片

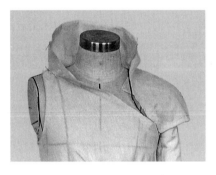

图 12-23　完成前领左侧

图 12-24　完成前袖

（4）固定门襟：此位置是装饰性门襟，根据款式做盘扣连接固定，如图 12-25 所示。

4. 制作裙片

（1）剪小圆形开口：取备料Ⓔ，并在图 12-26 所示位置剪出圆形开口。

图 12-25　固定门襟

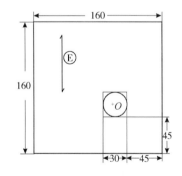

图 12-26　示意图

（2）搓布绳：取备料Ⓕ、Ⓖ和Ⓗ三条布条，单向搓紧，然后从中间对折，自然反拧成绳状备用，如图 12-27 所示。

（3）穿布绳：将裙片沿长对角线对折，在距离腰口 50cm 处开 3cm 大扣眼，并用手针距止口 2.5cm 平行串缝成筒状（腰口处提前折进 2cm 毛边）；将长布绳由扣眼穿入，从腰口穿出，固定下口，抽紧至约40cm长，固定腰口，如图12-28~图12-30所示。

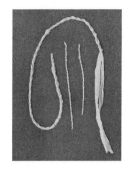

图12-27　搓布绳

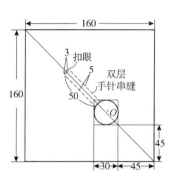

图12-28　示意图

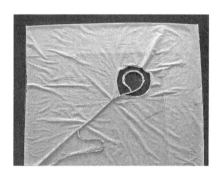

图12-29　展开图

图12-30　完成图

（4）固定布绳：将裙片套入人台，长角在右前侧，调整布绳长度，使裙子最高点位于腰节与胸点之间，布绳另一端翻过左肩至后中与腰口固定，如图12-31~图12-33所示；细布绳上端与大布绳固定，下端分别固定在左后侧腰口，左前侧腰口，如图12-34所示。

图12-31　调整裙位置

图12-32　固定布绳正面

图 12-33　固定布绳背面　　　　　　图 12-34　固定细布绳

（5）确定底摆：整理腰口及下摆褶位与褶量，并根据效果图别出底边位置，留足贴边 4cm，修剪余料。

5. 完成整体造型

整体完成后的效果，如图 12-35 ~ 图 12-37 所示。

图 12-35　正视图　　　　　　图 12-36　侧视图　　　　　　图 12-37　后视图

6. 裁片

款式确认合适后，做好标记，从人台上取下衣片，进行平面修正，裁片展开如图 12-38 ~ 图 12-40 所示。确认后拷贝纸样备用。

图 12-38　前身裁片

图 12-39　后身裁片

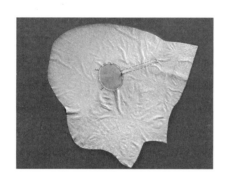

图 12-40　裙裁片

第二节　创意类表演服的立体裁剪

利用非服用材料进行表演服的立体裁剪，可以发挥更多的创意。本节介绍的花卉造型表演服，是以报纸为主要材料来完成塑型。

（一）款式说明

此款表演服运用各种特殊材质，创造与材料相得益彰的造型形态。将报纸的硬性形态和纱的软性形态相结合，进行重复、渐变、密集等韵律构成，形成丰富的视觉效果。在表现技法上，通过折叠、穿插、分割、叠加、褶皱等立体裁剪方法形成褶皱和自然波折的立体效果，以数层相加层层覆盖呈现一种花朵的层叠和蝴蝶飞舞的立体绽放的感觉，如图 12-41 所示。

（二）材料准备

（1）人台准备：按照款式要求，在人台上标明分割线及造型线的适当位置，确保设计效果，注意关键点的定位及线的走向，如图 12-42~图 12-44 所示。

图 12-41　花卉造型表演服款式图

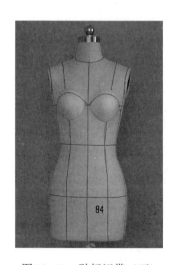 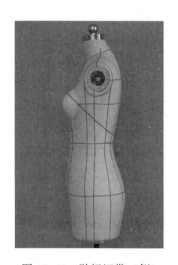 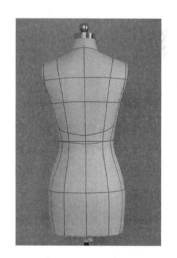

图 12-42　贴标记带（正）　　　图 12-43　贴标记带（侧）　　　图 12-44　贴标记带（背）

（2）备料：准备大小合适的坯布，将撕好的布料烫平、整方，分别画出经、纬纱向线，具体要求如图 12-45 所示。

（三）操作过程及要求

1. 做内衬

（1）固定前衣片：取备料Ⓐ，将画好的纬纱辅助线对齐前中标记线，经纱辅助线

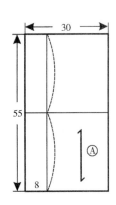 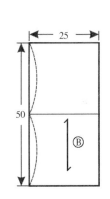 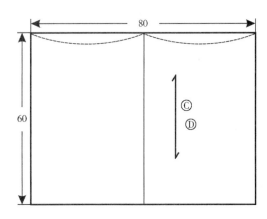

图 12-45　花卉造型表演服备料图

对齐胸围标记线，固定上部中点及两侧，捋顺中线，固定前中腰部；胸围不留松量，从两侧由上而下将余量推至腰部，固定侧缝下点，如图 12-46 所示。

（2）修剪前衣片：左、右片腰部各留 1.5cm 松量，折别腰省；四周留 2cm 缝份后剪去余料，如图 12-47 所示。

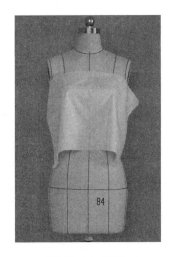 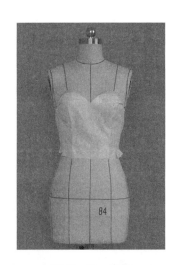

图 12-46　固定　　　　　　　　　　　图 12-47　修剪

（3）固定后衣片：取备料Ⓑ，将纬纱辅助线对齐后中标记线，理顺布料，固定后中上、下点；上口不留松量，理顺后固定两侧缝上点；腰围线以下打剪口，左、右片腰部各留 1.5cm 松量，理顺布料，固定两侧缝下点，如图 12-48 所示。

（4）修剪后衣片：按照标记带位置，四周留 2cm 缝份后剪去余料，扣折上口缝份，与前衣片别合，如图 12-49、图 12-50 所示。

（5）加裙撑：将三层叠裥硬纱的裙撑装在人台上固定并进行调整，使其适合腰部大小，如图 12-51 所示。

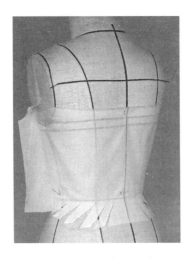

图 12-48　固定后衣片

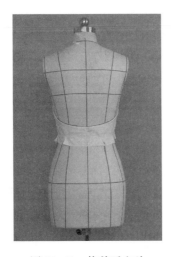

图 12-49　修剪后衣片

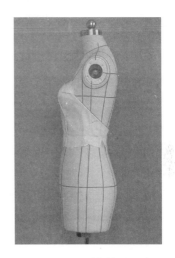

图 12-50　别合前后衣片

（6）制作衬裙：如图 12-52 所示，衬裙造型为斜裙，取备料Ⓒ，经纱向画线对齐前中线，腰口高出 6cm 固定前中上、下点；修剪腰口，将腰部余量推至下摆，形成斜裙造型。用同样方法取面料Ⓓ，完成后裙片斜裙造型。修剪侧缝与前裙片对称后别合，注意线条顺直且位置不偏移；别出裙长标记修剪底边，注意与前裙片底边保持圆顺，如图 12-53 所示。

2. 制作裙身报纸装饰片

将大小不一的报纸折压皱缩形成形状各异的造型，并将其进行疏密堆积排列，注意排列时突出扇形花卉的装饰效果以及体现形式的韵律感和节奏感，如图 12-54~图 12-67 所示。

图 12-51　加裙撑

图 12-52　完成前裙片

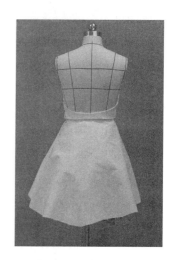

图 12-53　完成后裙片

图 12-54　装饰片-1

图 12-55　装饰片-2

图 12-56　装饰片-3

图 12-57　装饰片-4

图 12-58　装饰片-5

图 12-59　装饰片-6

图 12-60　装饰片-7

图 12-61　装饰片-8

图 12-62　装饰片-9

图 12-63　装饰片-10

图 12-64　装饰片-11

图 12-65　装饰片-12

图 12-66　装饰片-13

图 12-67　装饰片-14

3. 加装饰纱

（1）第一层纱装饰片：对照款式特征，将纱疏密有致分布并固定在各褶裥之间，形成肌理质感对比，丰富造型层次，如图 12-68~图 12-72 所示。

图 12-68　胸部加纱

图 12-69　前裙身加第一层纱

图 12-70　左侧裙身加第一层纱

图 12-71　右侧裙身加第一层纱

图 12-72　后片加第一层纱

（2）第二层纱装饰片：在设计的位置上固定第二层纱，注意纱的层次关系，如图 12-73~图 12-76 所示。

4. 完成造型

观察调整造型，整体造型完成，如图 12-77~图 12-79 所示。

图 12-73　前裙身加第二层纱

图 12-74　右侧裙身加第二层纱

图 12-75　左侧裙身加第二层纱

图 12-76　后裙身加第二层纱

图 12-77　正视图

图 12-78　侧视图

图 12-79　后视图

5. 裁片修正

从人台上取下衣片，分别修正各部位结构线。再将裁片按修正后的结构线别合，穿于人台上观察整体造型是否均衡、优美，有问题的部位及时进行调整。

课后练习

选择图 12-80 中任一款式，参考以上的操作方法，独立完成立体造型设计。

图 12-80　表演服款式图

参考文献

［1］唐妮·阿曼达·克劳福德. 美国经典立体裁剪：基础篇 ［M］. 张玲，译. 北京：中国纺织出版社，2003.

［2］海伦·约瑟夫·阿姆斯特朗. 美国经典立体裁剪：提高篇 ［M］. 张浩，郑嵘，译. 北京：中国纺织出版社，2003.

［3］小池千枝. 文化服装讲座8：立体裁剪篇 ［M］. 白树敏，王凤岐，译. 北京：中国轻工业出版社，2006.

［4］吴经熊，张繁荣. 最新服装配领技术 ［M］. 合肥：安徽科学技术出版社，2005.

［5］日本文化服装学院. 文化服饰大全服饰造型讲座3：女衬衫·连衣裙 ［M］. 张祖芳，等译. 上海：东华大学出版社，2004.

［6］三吉满智子. 服装造型学：理论篇 ［M］. 郑嵘，张浩，韩洁羽，译. 北京：中国纺织出版社，2006.

［7］中屋典子，三吉满智子. 服装造型学：技术篇Ⅰ ［M］. 孙兆全，刘美华，金鲜英，译. 北京：中国纺织出版社，2004.

［8］中屋典子，三吉满智子. 服装造型学：技术篇Ⅱ ［M］. 孙兆全，刘美华，译. 北京：中国纺织出版社，2004.

［9］中屋典子，三吉满智子. 服装造型学：礼服篇 ［M］. 刘美华，金鲜英，金玉顺，译. 北京：中国纺织出版社，2006.

［10］张文斌. 服装结构设计 ［M］. 北京：中国纺织出版社，2006.

［11］张文斌. 瑰丽的软件雕塑 ［M］. 上海：上海科学技术出版社，2007.

［12］张祖芳. 服饰配件设计 ［M］. 上海：上海人民美术出版社，2007.

［13］刘晓刚. 时装设计艺术 ［M］. 上海：东华大学出版社，2005.

［14］胡毅. 现代礼服构成的技术方法研究 ［D］. 苏州：苏州大学，2008.

［15］崔静. 立体裁剪中创意思维的研究及应用 ［D］. 北京：北京服装学院，2010.

［16］安妮特·费舍尔. 时装设计元素：结构与工艺 ［M］. 刘莉，译. 北京：中国纺织出版社，2010.

［17］魏静. 礼服设计与立体造型 ［M］. 北京：中国纺织出版社，2011.

［18］刘锋. 立体裁剪实训教材 ［M］. 北京：中国纺织出版社，2012.

［19］郭琦. 服装创意面料设计 ［M］. 上海：东华大学出版社，2013.

［20］张涛. 信玉峰. 婚纱礼服设计 ［M］. 重庆：西南师范大学出版社，2014.

［21］白琴芳. 章国信. 高级女装立体裁剪：基础篇 ［M］. 北京中国纺织出版社，2016.

［22］王建明. 意大利立体裁剪技巧 ［M］. 北京：化学工业出版社，2017.

［23］刘咏梅. 张文斌. 服装立体裁剪：基础篇 ［M］. 上海：东华大学出版社，2009.

［24］刘咏梅. 张文斌. 服装立体裁剪：礼服篇 ［M］. 上海：东华大学出版社，2013.

［25］刘咏梅. 张文斌. 服装立体裁剪：创意篇 ［M］. 上海：东华大学出版社，2016.

［26］邱佩娜. 创意立裁 ［M］. 北京：中国纺织出版社，2014.

附录

一、针插的缝制

针插形状根据喜好设计，常用的有圆形、方形，还可设计成花型或动物造型。进行立体裁剪操作时，针插可套于左手手腕或手背上，也可固定在人台方便的位置。

为保证安全，针插底部需要硬的厚纸板，避免针穿透伤人。纸板按照设计的造型剪成适合大小（净样）。具体制作方法如下。

（一）备料

1. 纸板：纸板适量，做针插的底板。根据所需造型剪出净样，需要两层。其作用是防止大头针扎穿，也可以用轻便的其他硬质材料代替，如铁质瓶盖。

2. 布料：为造型好，建议选用弹性布料；颜色宜深，与针头对比明显。应该避免用起绒类织物，会看不清针头。

裁剪底布，四周比纸板大出约1cm缝份；面布根据造型考虑针插的厚度（至少3.5cm）裁成适当形状，四周留出缝份，如果面料有弹性，可适当减小规格。

3. 填充物：要求质软且易于针的出入，可用棉花、蓬松棉等，最佳的填充物是头发，如附图1所示。

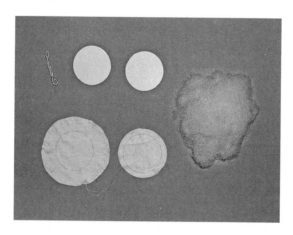

附图1　缝制针插所需材料

（二）缝制

1. 缝合：沿面布净线串缝抽缩，使其长度与底布净线周长相等；面布与底布正面相对，沿净线缝合（可夹入花边），留出3~4cm开口，如附图2所示。

2. 填充：缝合时在两侧对称的位置上夹进长约8cm的松紧带或橡筋；由开口处翻

正，将纸板插入，准备好的填料加入至饱满，如附图 3 所示。

　　3. 封口：手针缝合开口，针插缝制完毕，如附图 4 所示。

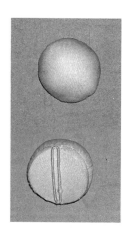

附图 2　缝合　　　　　　　附图 3　填充　　　　　　附图 4　针插完成

二、手臂的缝制

　　常用人台一般只有躯干部分，而使用时手臂部分是不可缺少的。缝制的手臂形状与实际接近，由棉絮填充而成，富有弹性，与人台有稳固的连接部分，而且很方便安装与拆卸。通常只需要右臂，也可缝制左臂备用。

（一）裁布

　　1. 手臂平面图：如附图 5 所示，为使手臂形状接近实际，需分内侧、外侧两部分。为适用范围较大，手臂略取长。

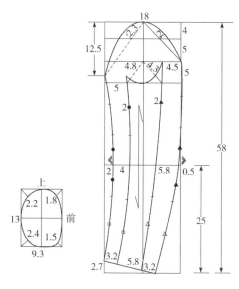

附图 5　手臂平面图

2. 备料：使用中厚的平纹白坯布缝制手臂，撕取长度为臂长+10cm的布料，撕去布边，撕成宽25cm、15cm两条，整烫好备用。

3. 拷贝：距离布边约12cm沿经纱向画线，贯穿其长度；将手臂样板的中线与画线对齐，上端留出3cm，沿中线将纸样与布料别合固定；在布料正反表面均放置复写纸，用描线器拷贝手臂外侧片轮廓线及基本线，如附图6所示。用同样方法拷贝内侧小片、臂根截面挡布（注意对位记号的拷贝，而且必须双面拷贝）。

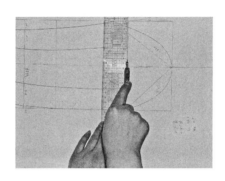

附图6 双面拷贝

4. 裁剪：留出所需缝份，裁剪样片。缝份具体要求为：山头部分2cm，下口5cm，侧缝1cm，臂根截面挡布四周留2~3cm，如附图7所示。

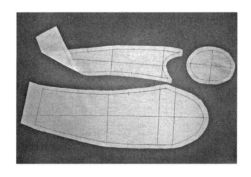

附图7 裁剪手臂表布

（二）定型

手臂表布外侧片的定型需要在侧缝肘线区域"前拔后归"，如附图8所示。

1. 拔前侧：在外侧片前侧肘线上下两对位点之间做适量剪口，用熨斗拔开至与内侧片等长，使其能自然折回呈下臂前倾状。

2. 归后侧：在外侧片后侧肘线上下两对位点之间小针脚拱针（机器大针脚）抽缩至与内侧片等长，在布馒头上归烫圆顺。

3. 抽缩挡布：将手臂截面挡布距净线约1cm处串缝抽缩。

（三）缝合

将归拔好的内、外侧片用平缝机缝合侧缝，注意保持归拔效果。

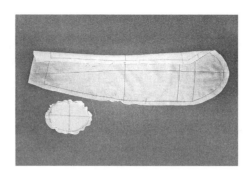

附图 8　裁片定型

（四）填充

1. 备料：准备棉絮或蓬松棉 80~100g，要求面积较大而且平薄。

2. 絮棉：如附图 9 所示，取一张比手臂略长、略宽的薄纸垫在桌子上（纸要光滑），将棉絮一层一层铺平成手臂状，上臂部分略厚，截面部分略薄，上下都要长出表布，棉絮厚薄过渡自然，保证平服。

附图 9　絮棉

3. 装入：用纸将棉絮卷成手臂状（比手臂略细），装入表布内；轻拍，使卷纸松动；左手由手臂下端抓住棉絮，右手从上端轻轻将纸抽出；轻轻拍、搓手臂，使棉絮与表布服帖、自然，如附图 10、附图 11 所示。

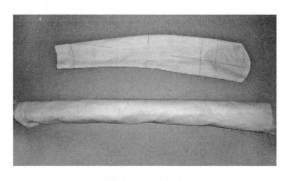

附图 10　卷棉絮

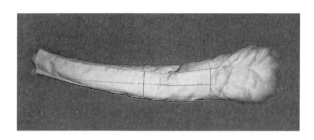

附图 11　填充手臂

（五）封口

1. 装挡布：将截面处多余棉絮轻轻撕去，厚度不合适的部位作调整；盖板装入挡布，抽紧挡布，并将四周缝份由反面拉缝固定；如附图 12 所示，拱针抽缝表布袖山头部分，使其周长与挡板相同；固定上、下、前、后对位点，调整好袖山头吃势；手针缭缝挡布与表布袖山头，针脚要求细密均匀。

2. 收下口：去掉手臂下端多余棉絮，臂长线下约 2cm 处拱针抽缩收至约 5cm，如附图 13 所示。

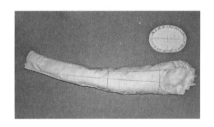

附图 12　抽山头

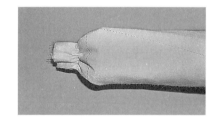

附图 13　收下口

3. 装肩布：如附图 14 所示裁肩布；将肩布对折，缝合两端后翻正；如附图 15 所示，肩布一端对齐挡板前对位点，另一端比齐挡板后对位点，毛边超出挡板约 1cm，沿挡板边缘倒回针固定肩布与挡布，要求针脚细密、均匀。

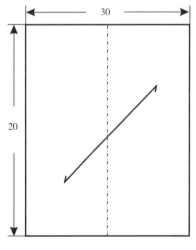

附图 14　肩布平面结构

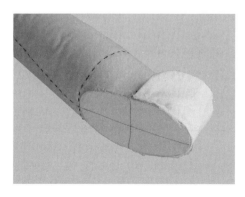

附图 15　固定肩布

（六）装手臂

1. 固定：如附图 16 所示，将手臂截面与人台臂根截面贴合，调整好前后位置，拉紧肩布，并在前后两角处分别固定。

2. 贴标记带：如附图 17 所示，从肩布开始与肩线同位贴标记带，至山头处沿手臂中线贴至手腕。

 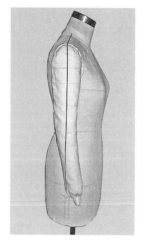

附图 16　装手臂　　　　　　　　附图 17　贴手臂标记带